물리학은
처음인데요

물리학은
처음인데요

수식과 도표 없이 들여다보는 물리학의 세계

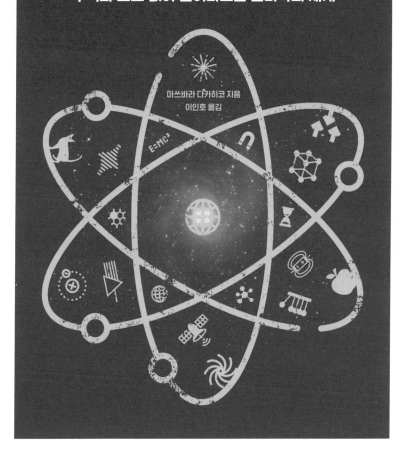

마쓰바라 다카히코 지음
이인호 옮김

행성B

어깨에서 힘 좀 뺀 물리책

물리는 어렵다. 누군가 물리가 쉽다고 한다면 그 사람 말은 더 듣지 않는 편이 좋다. 물론 호객행위로 어쩔 수 없이 그러는 경우도 있으니 너무 욕하지는 마시라. 다시 말하지만 물리는 어렵다. 그래서일까. 사람들은 물리학자를 가리켜 종종 천재라고 하는데, 솔직히 욕인지 칭찬인지 모르겠다. 여기서 하나 짚고 넘어가자. 세상에 쉬운 것은 없다. 철학이나 예술, 아니 운동은 쉬운가? 물리학자인 나는 아무리 노력해도 운동에 젬병이다. 그렇다면 물리가 어렵다는 것은 정확히 무슨 뜻일까?

물리는 시작부터 우리의 상식을 다 버리라고 말한다. 태양이 아니라 지구가 돈다. 당연하다고? 가슴에 손을 얹고 자신에게 물어보라. 지구와 태양이 텅 빈 공간에 둥둥 떠 있다. 더구나 지구가 태양 주위를 초속 30km, 그러니까 서울에서 부산까지를 13초 만에 이동할 수 있는 속도로 날아간다. 이걸 진심으로 믿을 수 있을까? 스마트폰의 전파는 전기장과 자기장이 서로가 서로를 동아줄 꼬듯이 만들어 가며 공간을 진행하는 파동이다. 움직이는 사람의 시간은 느리게 흐르고 블랙홀 주위의 시공간은 휘어진다. 광활한 우주는 138억 년 전 한 점에서 꽝하고 탄생했다. 그래서 물리학자들은 상식보다는 수학에 기대어 우주를 이해하려고 한다. 물리가 어려운 이유가 바로 여기에 있다.

학창시절 물리 수업 시간에 우리는 모든 문제를 수학으로 다루는 법을 배웠다. 자연이 수학으로 기술된다는 것은 놀라운 사실이며 물리과학의 핵심 철학이지만, 딱 거기까지다. 수학은 언어의 하나일 뿐이다. 칸트를 이해하려고 모두가 독일어 원서를 읽어야 하는 것은 아니지 않은가. 물리의 정수는 수학이라는 형식보다는 그 사고방식에 있다. 이 책의 저자 마쓰바라 다카히코도 그 사실을 정확히 알고 있다.

보통의 물리책들은 시간과 공간, 힘과 운동과 같은 이야기로 시작한다. 하지만 이 책의 시작은 "신기하게도 세상은 존재한다"로 시작한다. 그렇다. 우주에서 가장 경이로운 사실은 이 세상이 존재한다는 것이다. 물리가 아름답다고 이야기하는 1장은 그 자체로 아름답다. 이 부분은 물리의 사고방식을 알아야 할 물리학과 학생들에게도 꼭 보여 주고 싶다. 나탈리 앤지어의 《원더풀 사이언스》가 떠오르지만, 일본인 특유의 절제되고 담담한 필체가 인상 깊다.

갈릴레오, 뉴턴에서부터 양자역학을 지나 상대성이론까지 물리학의 여러 분야를 두루 다루지만, 양자역학에 많은 분량을 할애하는 것은 어쩔 수 없다. 그만큼 중요하니까. 하나의 주제를 두세 문단의 짧은 단위로 쪼개어 마치 카드 묶음처럼 만든 형식이 이채롭다. 아무리 어려운 주제도 질질 끌지 않고 문장 몇 개로 설명하는 방식은 SNS 시대의 독자들에게 잘 먹힐 것이라 생각한다. 많은 사람이 이 책을 쉽게 이해할 거라 예상하는 이유다.

물리를 다룬 책은 많다. 대개 물리학자들은 물리의 심오한 정수를 보여주기 위해 온갖 비유를 들고 슈퍼히어로들의 뒷이야기를 전한다. 나도 그렇다. 너무 어려워질라치면 물리는 세상 모든 것을 설명하는 이론이니 어려워도 알아야만 한다고 협박 아닌 협박을 하고, 때로 수식을 조금 보여 주며 이게 진짜 물리라고 독자의 기를 죽이기도 한다. 하지만 이 책처럼 완전히 어깨에 힘을 빼고 물리 철학의 핵심만 이야기하는 방법도 있다는 것을 알게 되었다. 저자의 말처럼 물리학을 거의 접해본 적 없는 문과 출신을 대상으로 하는 물리학 말이다. 물리학은 상식에 대한 도전이다. 저자는 이 책을 통해서 물리 책에 대한 상식에 도전한다.

김상욱_부산대 물리교육과 교수

들어가며

이 책은 지금까지 물리학을 거의 접해 본 적 없는 문과 출신자 등을 대상으로 한 물리학 입문서다. 특히 학교 수업 때문에 물리를 꺼리게 된 독자를 위해 이 책을 썼다. 그런 사람이 물리를 싫어하게 된 원인은 주로 수식을 이용한 계산 때문이다. 그래서 수식과 어려운 도표를 전혀 쓰지 않으며 물리학이 어떤 것인지 오직 글로만 설명하기로 했다.

이 책의 원제인 〈눈에 보이는 세계는 환상인가〉는 독자 여러분이 책을 읽으면서 꼭 생각해줬으면 하는 질문이다. 그 답은 이 책을 읽으면서 스스로 찾아낼 수 있을 것이다.

이 책을 쓰겠다고 마음먹은 이유는 내가 나고야 대학에서 담당해 온 물리학 강의 때문이었다. 필자는 이학연구과에 소속되어 있기에 학부

강의에서는 주로 물리학과 학생을 가르친다. 대학 이학부에 들어오는 학생 중에는 원래부터 물리학에 관심이 있는 사람이 많은 편이다.

하지만 다른 학과에서는 그렇지 않았다. 필자는 최근 10년 동안 의학부 보건학과 1학년을 위한 기초적인 물리학 교양 과목을 담당했는데, 이학부 학생을 가르칠 때와는 모든 것이 달랐다. 첫 강의에서 설문조사를 해보니 적잖은 수의 학생이 물리학이라는 과목을 심하게 혐오하고 있었으며, 이대로는 도저히 교육을 진행할 수 없는 상태였다.

물리학을 싫어하는 학생들은 한 가지 공통점을 가지고 있었다. 바로 어려운 물리학 계산 때문에 고통 받은 경험이었다. 내용을 제대로 이해하기도 전에 비현실적인 상황을 가정한 재미없는 계산을 강요당한 결과 물리학에 질리고 만 것이다.

이러한 학생들에게는 처음부터 계산과 함께 물리학을 가르쳐서는 안 된다. 먼저 물리학이라는 학문의 의미를 일상의 용어로 충분히 설명해 줘야 한다. 그러면 처음에는 싫어하던 학생도 어느새 물리학의 즐거움을 깨닫기 시작한다.

어떤 학생은 대학에서도 물리를 공부해야만 한다는 사실이 너무나 싫어서 자퇴하고 싶었다고 한다. 그런데 강의를 듣다 보니 뜻밖에도 물리가 점점 재미있어졌다고 했다.

즉 물리는 어려운 계산을 하는 과목이라는 인상이 뿌리박힌 결과, 수많은 학생이 물리학에 대해 혐오감을 품고 만 것이다. 그러한 경험을 계기로 필자는 물리학이라는 분야를 오직 글로만 풀어서 설명하는 책을 쓰기로 했다.

고분샤 신서에서는 그동안 일반 독자용으로 우주에 관한 책을 세 권 냈는데, 다행히도 모두 호평을 받았다. 우주를 조사하려면 절대 물리학을 빼놓을 수 없다. 기존 저서에서도 기초적인 물리학을 설명하기는 했지만, 아무래도 단편적인 내용이 될 수밖에 없었다. 이번 책의 주제는 물리학 자체를 설명하는 일이기에 필자의 오랜 소원이 이루어진 셈이다.

현대 물리학은 하루아침에 이루어진 것이 아니며, 오늘날에 이르기까지 수많은 우여곡절이 있었다. 그 과정에서 인간은 몇 번이나 상식과 기존 사고방식을 버려야만 했다. 물리학이란 상식에 대한 도전이다. 인간의 사고를 근본부터 지배하고 있는 상식에서 벗어나기란 여간 어려운 일이 아니다. 이는 물리학자도 마찬가지다.

어떻게 하면 상식을 타파할 수 있는지 물리학의 우여곡절을 통해 배우고, 이를 여러분의 실생활에서 활용할 수 있기를 바란다.

차례

03 모든 것은 원자로 이루어져 있다

04 미시 세계로 들어가다

05 기묘한 양자의 세계

06 시간과 공간의 물리학

07 시공간이 낳는 중력

08 물리학이 나아갈 길

01

물리학은
아름답다

신기하게도
세계는 존재한다

세계가 없는 편이 더 자연스럽다고?

어째서 이 세계는 존재할까? 독자 여러분도 평소에는 잊고 있겠지만, 적어도 한 번은 그런 생각을 해본 적이 있을 것이다. 하지만 너무나 근본적인 의문이다 보니 아무리 머리를 쥐어짜도 생각할 실마리조차 찾지 못하곤 한다.

세계가 존재한다는 사실은 우리에게 너무나 당연한 일이다. 어떻게 세계가 없는 상태를 상상할 수 있겠는가. 하지만 굳이 다시 묻겠다. 왜 세계는 '존재하지 않는' 것이 아니라 '존재하는' 것일까? 이런 복잡한 세계가 존재하는 것보다 차라리 아무것도 없는 편이 더 자연스럽다는 생각도 든다. 하지만 어찌 된 일인지 이 세계는 존재한다. 이는 필연일까, 아니면 우연일까.

생각하다 보면 잠이 오지 않을 것 같은 의문이다. 물론 어딘가에 답이 적혀 있는 것도 아니다. 그러한 근본적인 의문을 해결할 실마리를 찾으려면 먼저 세계가 어떻게 구성되어 있는지 이해해야만 한다.

세계는 어떤 원리로 동작할까? 그 원리를 알아내면 세계가 존재하는 이유를 알 수 있을지도 모른다. 바로 이것이 물리학이라는 연구 분야의 목적이다.

세계는 무질서하지 않다

우리는 세계가 존재한다는 사실을 당연하게 여기며 살고 있다. 매일 아침 동쪽에서 해가 뜨고 저녁이 되면 서쪽으로 해가 진다. 손에 들고 있는 물건을 놓으면 아래로 떨어진다. 멀리 떨어진 곳으로 가려면 그만큼 시간이 필요하지, 절대 한순간에 목적지에 다다를 수는 없다. 시간은 한번 지나가면 다시는 돌아오지 않는다. 나중에 후회해 봤자 소용없다는 소리다. 이는 굳이 설명하지 않아도 누구나 다 알고 있는 사실이다. 설사 그 이유를 모르더라도 우리는 이를 당연하게 여기며 생활하고 있다. 왜냐면 우리가 태어났을 때부터 한결같이 변하지 않은 사실이기 때문이다.

사람은 눈앞에서 벌어진 일을 이해한 다음 앞으로 일어날 일을 어느 정도 예측하며 행동한다. 예를 들어 오른발과 왼발을 번갈아 내디디면 앞으로 나아갈 수 있다는 사실을 알고 있기에 우리는 걸어서 목적지로 이동할 수 있다.

만약 세계가 이해할 수 없을 정도로 엉망진창이었다면 우리는 그렇게 행동하지 못했을 것이다. 행동의 결과를 전혀 예측할 수 없다면, 가령 오른발을 내디뎠는데 앞으로 갈지 옆으로 갈지 예측할 수 없다면 참으로 곤란할 것이다. 다행히도 세계는 무질서하지 않으며 일정한 질서를 지닌다.

세계는 완전히 예측 가능한 것도 아니다

다만, 인간은 세계에서 벌어지는 일을 완전히 예측할 수 있는 것도 아니다. 만약 앞으로 무슨 일이 일어날지 전부 내다볼 수 있다면 그런 세계는 매우 단순할 것이고, 그곳에서는 인간이 사는 의미조차 없을 것이다. 미래가 불확실하기에 인간은 활동할 수 있다. 앞날을 알 수 없으므로 더 나은 미래를 위해 노력한다는 뜻이다. 미래를 완전히 예측할 수 있다면 인간이 판단하고 행동할 필요가 없다. 즉, 인간의 의지가 개입할 여지가 없어지고 만다.

정리하자면 이 세계는 어느 정도 예측할 수 있지만, 완전히 예측할 수는 없는 대단히 애매한 존재이다. 극단적인 상황, 다시 말해 세계를 완전히 예측할 수 있거나 완전히 예측할 수 없었다면 어느 쪽에서든 간에 인간은 다양한 생각을 하며 활동하지 못했을 것이다.

따라서 인간은 되도록 미래를 정확히 예측해서 더 나은 행동을 하고 싶어 한다. 그러려면 이 세계의 질서에 주목해 그 구조와 원리를 이해해야만 한다.

복잡한 현상을
단순한 요소로 분해한다

물리학은 비현실적이라고?

물리학은 이 세계가 어떤 규칙으로 돌아가는지 탐구하는 학문이다. 이를 위해 질서 있는 현상을 가능한 많이 찾아내고 철저하게 조사한다. 따라서 물리학 연구에서는 되도록 단순한 상황을 가정하고, 이 상황을 정확히 표현할 방법을 찾아낸다.

이를 이해하지 않은 채 물리학을 배우기 시작하면 물리학을 비현실적인 상황만 가정하는 학문으로 오해하고 말 것이다. 실제로 많은 사람들이 물리학은 자기 인생과 아무런 관계도 없는데 군이 공부할 필요가 있냐고 의문을 품는다.

고등학교 물리 수업을 떠올려 보면, 공기저항이 없다고 가정했을 때 물체를 던지면 어디에 떨어질지 구하라는 등 당최 쓸모없어 보이는 계산을 한다는 인상이 있다. 물리학을 처음 배우기 시작한 학생이라면 자연스럽게 '그런 비현실적인 상황을 가정해서 대체 무슨 소용이 있을까?'라는 의문이 들겠지만, 이는 오해다.

물리학의 본질은 현실 세계의 복잡하고 예측하기 힘든 현상 속에서 질서를 찾아내는 것이다. 복잡한 것을 복잡한 채로 이해하기는 대단히 어렵다. 대신 복잡한 현상을 단순한 요소로 분해한 다음 하나씩 이해하면 훨씬 수월하다. 가령 손에 든 공을 머리 위로 수십 센티미터 던지는 정도라면 공기저항의 영향이 매우 적기 때문에 이를 무시해도 결과에 큰 차이가 없다. 즉, 공기저항이 없는 이상적인 상황을 가정하면 물체가 날아가는 현상을 단순한 법칙으로 풀어내어 쉽게 이해할 수 있다는 뜻이다.

중력과 공기저항은 나눠서 생각할 수 있다

물론 공기저항의 영향은 절대 0이 아니다. 프로 골프 선수가 공기저항을 무시하며 경기를 진행하면 결코 좋은 성적을 거두지 못할 것이다. 골프공이 몇십 미터나 날아가는 상황에서 공기저항을 고려하지 않으면 공이 날아가는 궤적을 정확히 예측할 수 없기 때문이다.

물체가 아래로 떨어지는 현상과 공기저항의 영향을 동시에 생각하면 문제가 대단히 복잡해진다. 하지만 사실 이 두 가지 요인은 따로따로 나눠서 생각할 수 있다. 공을 위로 던졌을 때 아래로 떨어지는 것은 지구의 중력에 의한 현상이며, 공기저항은 공기가 공의 운동을 방해하는 현상이다.

공기저항을 무시하고 중력만 작용하는 상황을 연구하면 중력의 성질을 알아낼 수 있다. 한편으로 중력을 무시하고 공기저항만 작용하는 상황을 연구하면 공기저항의 성질을 알 수 있다. 이렇게 두 가지 힘의 성질을 각각 알아낸 다음 이를 합치면 중력과 공기저항이 둘 다 작용하는 상황을 이해할 수 있다. 다시 말해 이상적인 상태에서 각 요소를 개별적으로 알아낸 다음 이를 조합함으로써 현실적인 문제를 설명할 수 있다는 뜻이다.

물리 법칙은 게임의 규칙과 같다

물리학에서 이상적인 상황을 가정하는 이유는 뭘까? 왜냐하면 그것이 현실의 복잡한 현상을 단순한 요소로 분해할 수 있는 강력한 방법이기 때문이다. 이는 과학에서 보편적으로 쓰이는 수법이다. 이해하기 어려운 복잡한 현상을 단순한 요소로 분해하고 관찰한 다음에 그 현상의 배후에 있는 질서를 밝혀낸다. 과학은 이런 방식으로 발전해 왔다.

물리학에서 말하는 단순한 질서를 물리 법칙이라고 한다. 물리 법칙은 이 세계가 어떤 식으로 움직이는가에 관한 규칙이다. 물리를 게임으로 비유해 보자. 어떤 게임이든 반드시 규칙이 있고 게임은 규칙에 따라 진행된다. 이 세계는 물리 법칙이라는 규칙에 따라 진행되는 게임 같은 것이다.

다만, 그 규칙이 공개되어 있지는 않다. 따라서 자연을 관찰해 규칙을 찾아내야만 한다. 자연계의 올바른 규칙을 찾아내는 것, 그것이 바로 물리학이 하는 일이다.

바둑이나 장기 등을 보면 알 수 있듯이, 규칙 자체는 간단해도 이를 조합하면 무수히 다양한 상황이 벌어질 수 있다. 바둑알을 놓는 규칙은 단순하다. 그렇지만 실제로 바둑을 두는 것은 매우 복잡한 것과 같은 이치다. 그러한 수많은 상황만 놓고 보면 매우 복잡하게 느껴지지만, 잘 관찰하다 보면 게임의 규칙을 찾아낼 수 있다.

관찰을 충분히 하지 않으면 잘못된 규칙을 옳다고 오해할 수도 있다. 하지만 계속 관찰하면 그 규칙에 반하는 상황을 찾아내고, 규칙이 잘못되었다는 사실을 깨닫게 된다.

물리 법칙을 찾을 때도 똑같다. 자연계를 충분히 관찰하지 않은 상황에서는 잘못된 법칙을 옳다고 착각할 때가 있다. 하지만 계속 관찰하면 그 법칙에 반하는 현상을 발견하게 되고 법칙이 잘못되었음을 알 수 있다.

규칙을 이해한 것만으로는 게임에서 이길 수 없다

하나하나의 현상은 단순한 질서를 지니고 있다 해도, 그러한 현상이 여러 개 모여서 매우 복잡한 현상을 이룰 수 있다. 우리 눈앞에 펼쳐진 복잡한 세계는 그런 식으로 구성되어 있다.

물론 복잡한 현상 뒤에 있는 단순한 질서를 밝혀냈다 해도, 그 복잡한 현상을 즉시 이해할 수 있는 것은 아니다. 게임의 규칙을 이해하는 것과 그 게임을 잘하는 것은 완전히 다른 차원의 일이다. 이와 마찬가지로 세계의 기본적인 법칙을 알아내는 것과 그 법칙이 복잡하게 조합되어 이루어진 세계 전체를 이해하는 것은 별개의 일이다.

　다만, 게임에서 이기려면 최소한 게임 규칙을 이해하고 있어야 한다. 그리고 그 규칙을 바탕으로 복잡한 게임의 흐름을 파악해야 한다. 물리학에서도 기본적인 법칙을 바탕으로 복잡한 세계가 존재한다고 여긴다. 따라서 세계를 이해하려면 먼저 물리의 기본적인 법칙부터 알아야 한다. 기본적인 법칙을 아는 일과 복잡한 세계 전체를 이해하는 일 사이에는 상당히 큰 격차가 있기는 하지만, 무슨 일이든 우선 기초부터 쌓아야 한다.

물리학은
아름답다

물리학은 어렵다?

종종 물리학을 어려운 일의 상징처럼 여길 때가 있다. 이는 중·고등학교에서 물리학을 가르치는 방법에 문제가 있기 때문이다. 의미를 알수 없는 계산을 강요당한 탓에 물리를 싫어하게 된 사람이 무척 많다. 물리학과에 들어오는 학생 중에는 그런 사람이 거의 없지만, 다른 학과 학생 중에 물리학을 싫어하는 사람과 이야기를 나눠 보면 대체로 일찍부터 물리학을 꺼리게 되었다고 한다.

물리학을 싫어하게 되는 중요한 원인은 수식을 사용한 계산 때문이다. 계산을 능숙하게 하지 못하면 물리 문제를 풀기가 어렵고, 계산을 잘하지 못하는 학생이 물리학에 질리는 것은 당연한 일이다.

하지만 물리학의 진정한 재미는 계산이 아니라 다른 데에 있다. 필자는 물리학이 정말 재미있어서 전문적인 연구를 하는 사람이다. 물리학 연구에는 계산이 필수인데, 사실 계산 자체는 그다지 재미있는 일이 아니다. 필자는 동료 사이에서 비교적 계산을 잘한다는 평을 듣지만 솔직히 말해서 길고 복잡한 계산을 싫어한다. 계산 자체는 재미없지만 계산한 결과를 통해 지금까지 알려지지 않은 사실을 밝혀낼 수 있다는 점이 흥미로운 것이다.

계산은 목적을 이루기 위한 수단일 뿐이다. 물리학에서는 계산을 통해 이론과 현실을 비교할 수 있다. 또한 계산을 통해 연구상의 생각이 현실 세계에 부합하는지 확인하거나, 이론적인 모순이 없는지 검증할 수 있다. 어쨌든 물리학 연구를 하려면 결국 계산이 필요하다는 것도 사실이다.

전문가에게는 기술이 필요하다

어떤 분야든 전문가가 일할 때는 전문 기술이 필요하다. 만화가가 만화를 그리려면 그림 실력과 이야기를 구성하는 능력 같은 전문적인 기술이 필수다. 소설가가 소설을 쓰려면 고도의 문장 표현력을 갖춰야 한다. 음악가가 연주를 하려면 악기를 능숙하게 다룰 줄 알아야 한다. 물리학의 계산도 그러한 전문 기술이다. 물리학 연구를 하려면 계산을 하는 기술이 있어야 한다.

누구나 학교에서 미술 시간에 그림 그리는 법을 배우고, 음악 시간에 리코더 연주법을 배운다. 이를 잘하는 사람이 있는가 하면 못하는 사람도 있다. 그림을 잘 못 그리는 사람도 있고 악기 연주가 서툰 사람도 있지만, 그렇다고 그 사람이 미술과 음악 자체를 싫어할까? 악기를 연주할 줄 몰라도 음악 감상을 좋아하는 사람은 아주 많다.

그런데 물리학을 배우며 계산을 잘하지 못하면 물리학 자체를 싫어하게 되는 경우는 많다. 왜 그런 안타까운 일이 일어나는 것일까?

미술과 음악은 명백히 즐기기 위해 존재한다. 자기가 직접 그림을 잘 그리고 싶다거나 악기를 능숙하게 연주하고 싶다는 사람은 많다. 즉 뚜렷한 동기가 있다. 연습하면 누구나 어느 정도는 할 수 있게 되고, 설사 잘하지 못하더라도 다른 사람의 작품이나 연주를 즐길 수 있다.

한편으로 물리학을 배울 때는 그러한 동기가 부족하다. 자기가 직접 물리학 연구와 계산을 잘하고 싶어서 공부하는 사람도 있기는 하나 그리 많지는 않다. 대부분 의미도 모르는 채로 물리학을 배우기 시작했는데 계산이 어려워서 결국 싫어하게 되는 것이다.

물리학의 아름다움이란

하지만 물리학은 본래 미술이나 음악과 비슷하다. 미술이 눈앞에 있는 그림의 아름다움을 즐기는 일이고 음악이 들려오는 소리의 아름다움을 즐기는 일이라면, 물리학은 이 세계의 존재 그 자체의 아름다움을 즐기는 일이다.

물리학의 아름다움이라는 말을 들어도 무슨 뜻인지 이해하기 어려울 것이다. 미술과 음악처럼 구체적으로 보고 들을 수 있는 아름다움이 아니기 때문이다.

천체 사진을 보면 우주의 신비함이 느껴질 때가 있다. 이는 단순히 사진에 찍힌 천체의 외형이 아름답기 때문만은 아니다. 사진 속의 천체가 우주 어딘가에 정말로 존재한다는 사실 그 자체를 아름답다고 느끼는 것이다. 물리학의 아름다움이란 바로 이런 감각의 연장선에 있다.

이는 물리학뿐만 아니라 미술과 음악에서도 똑같이 적용된다고 필자는 생각한다. 그림이나 음악을 아름답다고 느끼는 이유는 단순히 예쁘다거나 기분 좋은 소리라는 것 때문만이 아니라, 그 이상으로 무언가에 마음이 움직였기 때문일 것이다. 뭔가 그리운 감정이 솟구친다거나, 인간과 자연의 밑바닥에 있는 어떤 본질적인 것에 관한 감정에 사로잡힐 때도 있을 것이다.

미술 작품이나 음악 작품을 창작하는 재능이 없어도 그 아름다움을 즐길 수 있는 것처럼, 수식을 계산하는 기술이 없어도 물리학의 아름다움을 즐길 수 있다. 물론 기술적인 지식이 있는 편이 더 즐겁겠지만, 이는 미술과 음악도 마찬가지다. 전문 지식이 없다고 해서 물리학의 아름다움을 느낄 수 없는 것은 아니다.

물리학이란
어떤 것인가

물리학의 목적

물리학의 목적은 장대하다. 한마디로 이 세계가 어떤 것인지, 어떤 원리 원칙으로 움직이는지, 그 본질은 무엇인지를 밝혀내는 일이다. 세계는 매우 다양한 요소로 구성되어 있고, 물리학은 그 모든 것의 본질을 알아내려는 것이다.

지금 독자 여러분의 눈앞에도 다양한 사물이 보일 것이다. 우선 종이에 잉크로 인쇄한 이 책이 있다. 만약 전자책으로 보고 있다면 전자기기 화면이 보일 것이다. 그 밖에는 무엇이 있을까. 어디서 이 책을 읽고 있느냐에 따라 천차만별이겠지만, 대체로 전등이 켜진 방에서 책상에 앉아있을 것이다. 어쩌면 우아하게 해변에서 책을 읽고 있어서 고개를 들면 눈앞에 바다가 펼쳐져 있을지도 모른다. 필자는 지금 일본 아이치 현에 있는 미카와 만을 바라보며 이 원고를 쓰고 있다. 독자 주변에는 빛이 가득할 것이다. 빛이 없으면 책을 읽을 수 없기 때문이다.

이러한 세계 전체는 어떤 원리로 돌아가고 있을까? 누구나 살면서 한 번 정도는 그런 순수한 의문을 품어봤을 것이다. 다만 어른이 되면 너무나 당연하게 생각하는 나머지 의문 자체를 가지지 않을 뿐이다.

무거운 것이 아래로 떨어지는 것은 당연한 일이라고?

———

이와 관련해서 필자가 중학생일 때 사회 시간에 선생님께서 해주신 말이 생각난다. 그 선생님은 이렇게 말씀하셨다.

"뉴턴이라는 학자는 무거운 것이 아래로 떨어지는 원인이 무엇인지 고민했는데, 왜 그런 생각을 했을까요? 물건이 아래로 떨어지는 것은 당연한 일이잖아요? 왜 그런 당연한 일에 의문이 생길까요? 위대한 사람은 때때로 평범한 사람이 이해하기 힘든 생각을 합니다."

실은 이미 그때 자연과학에 관심이 많았던 필자는 내심 '그건 나도 예전부터 신기하다고 생각했는데, 보통은 그런 의문이 들지 않나 보네. 함부로 말하고 다니면 안 되는 문제인 걸까?'라고 생각했다.

하지만 그런 의문을 품는 일이야말로 물리학의 본질적인 동기다. 뉴턴은 무거운 것이 아래로 떨어지는 원인을 규명함으로써 천체의 움직임을 설명해 냈다. 근대 물리학은 뉴턴이 만든 물리학의 방법을 토대로 발전했다. 편리한 현대 사회는 물리학의 발전으로 성립했다고 말해도 과언이 아닌데, 이 또한 무거운 것이 아래로 떨어지는 원인을 규명하려 한 정신이 없었다면 이루어 내지 못했을 것이다.

물리학을 발전시키려면 자연을 관찰해야 한다

이 세상 삼라만상의 본질을 밝힌다는 목표는 너무나 장대하기 때문에 아무런 실마리도 없이 막연히 생각만 해서 이루어 낼 수 있는 일이 아니다. 그런 목표는 하루아침에 달성할 수 없다. 물리학은 수많은 우여곡절을 겪으면서 발전해 왔고, 그 길은 결코 평탄한 외길이 아니었다. 다양한 이론을 제시하고 철회하기를 반복하며 조금씩 진실을 향해 묵묵히 전진해 왔다.

물리학이 발전하는 과정은 다음과 같다. 아직 해명되지 않은 어떤 현상이 있을 때, 이를 설명하기 위한 다양한 이론이 등장한다. 그러한 이론 중에는 잘못된 것도 있고, 올바른 것도 있으며, 부분적으로만 옳은 것도 있는 등 그야말로 옥석이 뒤섞인 상태다. 누가 봐도 명백하게 옳은 것처럼 보이는 이론이라 해도 완전히 신뢰할 수는 없다. 상식적으로 당연하다고 생각하던 일이 하루아침에 뒤집어질 수도 있기 때문이다.

이렇게 올바른 생각과 잘못된 생각이 마구 뒤섞여 있는 상황에서 정답을 골라내야 한다. 물리학이 이토록 발전할 수 있었던 이유는 그 정답을 찾아내는 방법 때문이었다. 과학자들은 물리학 연구에서 자연을 철저하게 관찰함으로써 올바른 답을 선별한다.

어떤 자연 현상을 설명하고자 할 때는 먼저 곰곰이 생각부터 해본다. 생각하는 방식은 절대 한 가지가 아니다. 여러 가지 생각을 바탕으로 구성된 다양한 이론들은 서로 양립할 때도 있고 대립할 때도 있는데, 대체로 양립하지 못하는 편이다. 머릿속에서만 생각해서는 수많은 이론 중 어떤 것이 옳을지 결론을 낼 수 없다.

물론 내부에 모순을 품고 있는 이론은 성립하지 못하지만, 모순이 없는 이론은 얼마든지 생각해 낼 수 있다. 모순 없는 여러 이론 중 어떤 것이 옳은지 알아보는 수단이 바로 자연 관찰, 다시 말해 구체적인 실험과 관측이다.

물리학의
이상과 현실

이상과 현실 사이에서

독자 여러분 중에는 '인간이 아주 현명하다면 굳이 실험 같은 것을 하지 않아도 모두 이론적으로 결정할 수 있지 않을까'라고 생각하는 사람도 있을 것이다. 실제로 일부 이론물리학자와 수학자는 그렇게 생각하기도 한다. 정말로 그럴 수 있다면 대단히 기쁜 일이겠지만, 적어도 여태까지는 그런 식으로 물리학이 발전하지는 않았다.

대단히 매력적이고 옳은 것처럼 보이던 이론이 알고 보니 실험 결과에 어긋나는, 다시 말해 현실과 괴리가 있는 이론이었음이 밝혀지는 일은 물리학의 세계에서 일상다반사다. 세계는 인간이 생각하는 이상적인 형태로 존재하지 않는다.

이는 딱히 물리학에 국한된 일은 아니다. 인간은 이상과 현실 사이에서 살고 있으며, 머릿속에서 아무리 이상적인 모습을 그려도 현실은 그렇지 않다. 이상적인 생각은 매우 중요하지만, 끝없이 현실에 맞게 수정해 나가야 한다. 이처럼 인간은 이상과 현실 사이에서 타협하며 살아간다.

물리학도 마찬가지다. 이론적인 이상을 추구하는 일은 매우 중요하다. 하지만 현실을 무시하며 나아가다 보면 엉뚱한 방향으로 가버릴 때가 있다. 오늘날처럼 물리학이 발전할 수 있었던 이유는 이론을 현실에 맞게 끝없이 수정해 왔기 때문이다.

다양한 이론 중에 무엇이 옳은지는 권위 있는 학자나 학회가 결정하는 것은 아니다. 연구자들이 다수결로 정하는 것도 아니다. 진실이 무엇인지는 자연에 묻는다. 다만, 실험과 관측으로 올바른 이론을 판별하지 못할 때는 권위주의적인 분위기가 되기도 한다. 그런 상황에서는 과학이 현실을 있는 그대로 나타낸다고 보기 어렵고 인간의 이상을 추구하는 자리가 되어버리므로, 과학이라기보다는 차라리 종교에 가까울지도 모른다. 인간의 가치관이 개입되기 때문이다.

종교는 인간의 삶의 방식에 관한 이상과 가치관을 제시하고, 과학은 자연계를 있는 그대로 기술한다. 과학과 종교를 서로 대립하는 것으로 여기는 사람도 있지만, 애초에 이 둘은 목적이 완전히 다르다. 과학에서 인간의 가치관을 찾으려 한다거나, 종교에서 과학적 진실을 찾아내려고 하니 충돌이 생기는 것이다. 서로의 영역을 침범하지 않는다면 과학과 종교는 대립할 이유가 없다.

이론 연구의 현장

———

따라서 과학에서는 권위주의적인 태도로 가치관을 강요해서는 안 된다. 눈앞에 보이는 자연 현상을 겸허히 이해하려는 자세가 과학을 발전시킨다. 물론 사람이 하는 일인 만큼 언제나 권위적인 사고방식이 개입될 여지는 있다.

연구 현장에서는 그러한 인간의 본성을 쉽게 찾아볼 수 있다. 고집센 연구자는 다른 사람에게 자기 생각을 강요하려고 한다. 연구자 사이에서 의견 차이가 생기면 논쟁이 벌어지는데, 이때 전혀 객관적이지 않은 자세로 주관적인 생각이 가득한 말을 주고받기도 한다.

이론물리학 연구를 할 때, 아직 해명하지 못한 자연 현상을 설명할 아이디어가 떠오르면 이에 관한 계산을 한다. 그 가설이 옳다고 가정하고 어떠한 결론이 나오는지 계산을 통해 알아보는 것이다. 이 과정에서 모순된 결론이 나오거나 자연 현상에 반한 결과가 나오면 그 가설을 폐기한다. 이런 일을 반복하면 잘못된 가설을 대부분 제외하고 자연 현상을 모순 없이 설명하는 이론만 남길 수 있다. 이것이 이론 연구 방법이다.

이처럼 이론 연구에서는 계산이 필수다. 만약 이 과정에서 계산을 빼 버리면 우리는 지나치게 많은 이론을 검토해야 한다. 가설 자체에 모순이 없는지, 가설이 자연 현상을 잘 설명하는지 점검하지도 못한다. 그냥 생각해서는 도저히 끌어낼 수 없을 것 같은 결론도 계산을 통해서 아주 쉽게 찾아낼 수 있다. 물리학에서 계산은 아주 편리한 도구다.

계산은 물리학의
본질이 아니다

이론적인 예언이란

이 세계는 이론적인 방법만 가지고 진실에 도달할 수 있을 만큼 단순하지 않다. 이론적인 고찰을 바탕으로 가설을 선별하더라도, 똑같은 자연 현상을 설명하면서 모순 없는 가설이 여러 개 살아남을 때가 아주 많다. 모순 없이 자연 현상을 설명할 수 있는 이론이 꼭 하나만 존재한다는 법은 없다. 실제로 하나의 현상에 관해 아주 다양하고 기상천외한 이론이 제시되기도 한다. 이론적인 연구만으로는 이러한 가설들을 선별할 수 없다.

앞에서 거듭 강조했듯이, 이때 중요한 것이 바로 자연을 면밀하게 관찰하는 일이다. 즉 여러 이론적 가설 중 어느 것이 옳은지 실험과 관측을 통해 알아보는 것이다. 이론으로는 선별할 수 없는 가설일지라도 아직 알려지지 않은 자연 현상, 다시 말해 실험 속에서라면 활로를 찾아낼 수 있다.

어떤 두 가지 이론이 일정한 범위의 자연 현상에 관해서는 똑같은 결론을 낸다 해도, 다른 범위에서는 서로 다른 결론을 낼 수도 있다. 이론적 가설을 통해 아직 실험하지 않은 영역에 관한 예언을 할 수 있다. 따라서 이미 알려진 자연 현상을 잘 설명하는 두 가지 이론이 있다면, 이들이 각각 다른 예언을 하는 자연 현상을 찾으면 된다.

만약 어떤 현상에 관해서든지 늘 똑같은 예언을 하는 여러 이론이 있다면, 이들은 겉보기만 다를 뿐 본질은 똑같은 이론이 아닌지 의심해야 한다. 실제로 물리학의 역사에서 그런 사례가 있었다.

이론적 가설을 선별하다

만약 아직 해보지 않은 실험이나 관측이 있고 그 결과에 관해 여러 이론이 서로 다른 예측을 한다면, 이를 실제로 확인해 보면 된다. 그 결과를 통해 이론을 선별해 낼 수 있다.

이때 어떤 이론이 더 마음에 드는지는 전혀 상관이 없다. 현실에 맞지 않는 이론은 냉정하게 폐기될 뿐이다. 많은 사람이 지지하던 이론이 옳다고 밝혀질 때가 있는가 하면 그 반대일 때도 있다. 오히려 거의 지지받지 못했던 이론이 사실은 정답이었다고 밝혀지는 편이 더 극적일 것이다. 현실이 인간이 생각하는 이상과 다르다고 밝혀질 때 자연에 대한 인간의 이해는 더욱 깊어진다. 언제나 역경이 인간을 강하게 만든다. 이는 물리학에서도 마찬가지다.

이처럼 여러 이론을 실험과 관측으로 구별하는 작업을 할 때, 이론적 가설에서 예상을 끌어내려면 계산이 필요하다. 실험과 관측으로 얻을 수 있는 것은 수치다. 따라서 어떤 실험과 관측을 했을 때 어떤 수치가 나올지 이론적으로 예상해야 한다. 서로 다른 이론이 서로 다른 수치를 예상하면 실험과 관측을 통해 올바른 이론을 가려낼 수 있다. 계산 없이는 이러한 수치를 예상할 수 없다.

특히 오늘날의 물리학에서는 세세한 수치의 차이를 구별해야 하므로 무척 정밀한 계산이 필요하다. 그러한 계산은 너무나 난해해서 물리학자도 자신의 전문 분야가 아니면 쉽게 이해하기 어렵다. 하지만 아무리 복잡하고 어렵다 할지라도 자연계의 진실을 밝히려면 꼭 필요한 과정이다.

계산은 도구이며 물리학의 본질이 아니다

—

지금까지 설명한 바와 같이 물리학에서 계산은 필수지만 계산이 물리학의 본질은 아니다. 계산은 어디까지나 도구일 뿐이다. 도구가 없으면 연구를 할 수 없지만, 도구만 있다고 해서 연구를 할 수 있는 것도 아니다. 물리학의 본질은 자연계에 대한 통찰이다. 통찰을 통해 자연계의 본질을 추구하는 것이다.

물리학은 처음인데요

자연계를 관찰함으로써 자연계에 대한 통찰이 옳은지 그른지 확인할 때, 계산과 수학적인 방법이 필요하다. 하지만 애초에 통찰 자체는 인간적인 사고의 결과다. 다음 장부터는 물리학의 본질인 자연계에 대한 통찰에 관해 구체적으로 살펴보도록 하자.

02

천상 세계와
지상 세계는 똑같다

천상 세계와
지상 세계

천상과 지상은 다른 세계인가

천체 운동은 물리학을 논할 때 빠질 수 없는 주제다. 오늘날 학교에서 반드시 가르치는 내용이라서 조금 싫증이 날 수도 있겠지만, 다시 살펴보면 의외로 새로운 발견이 있을지도 모른다. 하늘을 올려다보면 낮에는 해와 구름이 보이고 밤에는 달과 별이 보인다. 학교에서 배운 지식을 제쳐 놓고 선입관 없이 하늘을 바라보면 천상은 지상과 전혀 다른 세계처럼 보일 것이다.

지상에서는 모든 것이 아래로 떨어지는데 천상에서는 그렇지 않다. 물론 하늘에서 비와 눈이 내리고 운석이 떨어질 때도 있다. 들은 바에 의하면 드물게 하늘에서 물고기가 떨어질 때도 있다고 한다. 하지만 태양과 별 등 평소에 하늘에 떠 있는 천체는 절대 떨어지지 않는다.

이러한 사실을 순진하게 받아들이면 천상과 지상이 전혀 다른 세계라는 결론에 이른다. 사물이 반드시 아래로 떨어진다는 지상의 법칙이 천상에서는 적용되지 않기 때문이다.

또한, 지상 위에 천상 세계가 있다면 지상 아래에는 무엇이 있을까? 직접 볼 수는 없지만, 지상과는 전혀 다른 지하 세계가 있을지도 모른다. 이러한 다른 세계는 우리가 사는 지상 세계와 근본적으로 다른 원리에 따라 돌아가는 것처럼 보인다.

천상 세계 관찰하기

세계를 보이는 그대로 이해하려다 보면 자연스럽게 이러한 결론에 이른다. 실제로 고대인의 세계관도 대개 이와 비슷했다. 우리는 우리가 사는 지상 세계에 관해서는 잘 알 수 있지만 멀리 떨어진 세계에 대해서는 체험하거나 이해하기 어렵다.

천상 세계를 이해하려면 먼저 하늘을 잘 관찰해야 한다. 해와 달과 별은 모두 하늘을 24시간에 한 바퀴 돈다. 게다가 해와 달과 별의 위치 관계는 매일 조금씩 변하며, 행성은 마치 하늘을 떠돌기라도 하듯 천천히 움직인다. 유심히 보면 그 움직임에는 일정한 규칙이 있다. 지상과 달리 천상 세계는 일정한 법칙에 따라 모든 움직임이 예측 가능한 것처럼 보인다. 고대인은 천체 운동의 규칙을 이용해 달력을 만들었고 농경에 활용했다.

천상 세계는 모든 것이 규칙적으로 움직이며 예측할 수 있지만 지상 세계는 모든 것이 불확실하고 예측하기 어렵다. 이 두 세계 사이에서 인과관계를 찾아내려 한 것이 바로 예부터 전해져 내려오는 점성술이다. 이는 언뜻 보기에 불확실한 인간의 운명이나 사회의 동향이 실은 천체 운동과 연관되어 있다는 생각이다.

인간은 자기 주변에서 일어나는 다양한 사건 속에서 인과관계를 찾아내려 하는 생물이다. 이를 통해 자연을 이해하고 세상에서 살아남아 왔다. 오늘날에는 별의 움직임과 인간 사회의 동향 사이에는 직접적인 관계가 없다는 것이 상식인데, 이는 우리가 천체 운동의 원리를 이해하고 있기 때문이다. 만약 아무런 지식이 없는 상태였다면 누구나 그 사이에서 인과관계를 찾으려고 했을 것이다.

달력을 만들어 농경에 활용하든 점성술로 인간의 운명을 점치든 간에 그런 일을 하려면 먼저 천체 운동의 규칙을 되도록 정확하게 파악해야 한다. 이것이 천문학의 시초다. 원래 천문학은 천체 운동의 원인을 밝혀내려 했다기보다는, 천체가 움직이는 정확한 규칙을 찾아내기 위해 시작된 학문이었다.

천동설과
지동설

모든 것을 원으로 설명한 천동설

지면이 정지해 있고 천체가 그 주위를 움직인다는, 우리 눈에 보이는 것을 그대로 반영한 세계관이 바로 천동설이다. 중세 기독교 사회에서는 오랫동안 천동설을 사실로 여겼다. 지동설을 주장한 갈릴레오가 교리에 반한다는 이유로 유죄 판결을 받았다는 이야기는 아주 유명하다. 현대인은 흔히 '천동설이나 믿다니, 옛날 사람은 참 무식했구나'라고 생각하곤 하는데, 천문학이 생긴 이유를 생각해 보면 지구가 움직이든 하늘이 움직이든 별 상관이 없었다. 당시 천문학에서 중요한 것은 천체 운동을 정확하게 예측하는 일이었기 때문이다.

사실 천체 운동을 정확하게 예측하는 일에 관해서는 천동설이 지동설보다 더 뛰어났다. 천동설은 오랜 세월 동안 검증됐으며, 천체의 실제 움직임과 맞지 않는 부분이 발견될 때마다 수정되었기 때문이다. 그 결과 천동설은 매우 복잡하고 난해한 이론이 되었다. 그렇지만 그 덕분에 천체 운동을 상당히 정확하게 예측할 수 있었다.

천동설에서 대지는 움직이지 않는 고정된 존재이며, 천체가 그 주위를 돌고 있다. 수많은 별은 단순히 하루에 한 바퀴 돌 뿐이지만, 태양과 행성은 별들 사이에서 천천히 위치를 바꾼다. 천동설에서는 이러한 현상을 원운동 여러 개를 조합하는 방식으로 설명했다.

원은 대단히 아름다운 도형이며 완전함의 상징이다. 따라서 신의 세계인 천상에서는 모든 움직임이 원으로 구성되어 있다고 생각한 것이다. 하지만 행성의 움직임은 몹시 복잡해서 단일 원운동만으로는 설명할 수 없었다. 그래서 수많은 원운동을 복잡하게 조합해야만 했다. 천동설은 이러한 수많은 수정을 거치며 상당히 정확하게 천체 운동을 예측할 수 있는 이론으로 성장했다.

처음부터 지동설이 더 나은 이론이었던 것은 아니다

한편으로 기독교 사회에서 코페르니쿠스가 발표한 지동설에서는 지구와 다른 행성이 태양 주변을 돈다고 설명했다. 지동설은 태양 중심설이라고도 하는데, 지구 대신 태양을 우주의 중심으로 삼은 결과 천동설이 지니는 복잡함을 없앨 수 있었다.

코페르니쿠스의 지동설, 다시 말해 태양 중심설은 지구를 포함한 모든 행성이 태양 주위를 원을 그리며 움직인다고 설명했다. 이러한 발상 전환 덕분에 천동설보다 세계를 훨씬 더 단순하게 이해할 수 있게 된 것은 사실이지만, 실은 지동설도 그리 간단한 이론은 아니었다. 단순한 원운동만으로는 실제 행성의 움직임을 잘 설명할 수 없었기 때문이다. 그래서 코페르니쿠스의 이론에서도 천동설과 마찬가지로 원운동을 여러 개 조합하는 방식을 이용해야만 했다.

게다가 천체 운동을 설명하고 예측하는 능력에 관해서는 코페르니쿠스의 태양 중심설보다 천동설이 훨씬 더 뛰어났다. 옛날부터 수많은 검증을 거쳐 온 천동설은 복잡한 대신 매우 정확한 이론이었기 때문이다. 그래서 당시에는 천동설이 설명하지 못하는 부분을 지동설이 설명하지는 못했다.

코페르니쿠스의 지동설도 원운동으로 설명하려 했다

지금 생각해 보면 당시에는 왜 복잡한 천동설은 틀렸고 단순한 지동설이 옳다는 사실을 바로 깨닫지 못했는지 의문이 들 것이다. 하지만 이렇게 생각해 보자. 복잡하지만 정확한 이론과, 단순한 것 외에는 달리 장점이 없는 이론이 있다면 어느 쪽을 선택할까? 그 당시에 코페르니쿠스의 이론이 널리 인정받지 못한 것은 어쩔 수 없는 일이었다.

코페르니쿠스의 태양 중심설이 불완전했던 이유는 행성 운동을 천동설처럼 전부 원운동으로 설명하려 했기 때문이다. 원은 특별하고 신성한 도형이기 때문에 모양이 일그러진 타원 따위를 채용하고 싶지 않았던 것이다. 실제 행성 궤도의 모양은 타원형인데 이를 억지로 원운동으로 설명하니 오차가 생길 수밖에 없었고, 그 오차를 해결하기 위해 지동설도 천동설처럼 원운동을 여러 개 조합해야만 했다.

천체가 왜 원운동을 여러 개 조합된 형태로 움직이느냐는 의문에 관해서는 천동설이나 코페르니쿠스의 태양 중심설이나 둘 다 답을 찾지 못했다. 천체가 움직이는 규칙을 찾아내기는 했지만, 왜 그런 규칙으로 움직이는지는 밝혀내지 못한 것이다.

천체 운동의 정확한 예측이라는 목적만 생각한다면 굳이 이유를 밝힐 필요는 없다. 하지만 그 이유를 알고 싶은 것이 인지상정이다. 눈에 보이는 현상 뒤에는 뭔가 이유가 있다고 생각하는 것이 물리학의 본질이다. 천체 운동이라는 겉모습 뒤에는 더 본질적인 무언가가 숨어 있지는 않을까. 이러한 사고방식이 근대 물리학의 원점이었다. 지동설이 완전히 받아들여지기까지의 과정은 근대 물리학의 탄생과 밀접하게 연관되어 있다.

원운동에서
벗어나다

원운동을 버리다

천동설에서 벗어나 지동설로 넘어가려면 먼저 원운동으로 모든 것을 설명해야 한다는 선입관을 버려야만 했다. 이를 인식한 천문학자가 바로 요하네스 케플러였다. 케플러는 스승인 튀코 브라헤가 남긴 방대한 관측 자료에 태양 중심설을 적용함으로써 행성 궤도가 타원이라는 것을 밝혀냈다.

행성은 태양 주위를 타원, 다시 말해 조금 납작한 원 모양으로 공전한다. 태양은 그 타원의 중심에서 조금 떨어진 장소(타원의 초점)에 있다. 따라서 행성은 태양 주위를 돌면서 조금 가까워졌다가 다시 멀어지기를 반복한다. 각 행성의 궤도를 살펴보면 거의 원에 가까운 타원이다. 그래서 공전 궤도를 그냥 원으로 생각해도 대강의 운동은 설명할 수 있었던 것이다. 따라서 코페르니쿠스의 주장 중 핵심 부분은 옳았다고 할 수 있다. 원운동을 여러 개 조합해야만 한다는 결점은 결국 원을 타원으로 교체함으로써 극복할 수 있었다.

케플러의 발견은 단순히 원을 타원으로 교체하는 데 그치지 않았다. 그는 타원 운동을 하는 행성의 속도도 알아냈다. 비교적 태양과 거리가 가까운 행성은 속도가 빠르고, 반대로 거리가 먼 행성은 속도가 느리다. 또한, 행성 하나의 속도를 봐도 태양과 가까워질수록 빨라지고 멀어질수록 느려진다. 케플러는 이를 수치상으로 명확하게 밝혀냈다.

겉보기에는 아름답지만 잘못된 이론

행성의 궤도가 타원이라는 사실은 그리 아름답게 느껴지지 않는다. 원은 완전함의 상징이지만, 타원은 찌그러져 있어서 불완전하다는 느낌이 들기 때문이다. 하지만 실제 관측 자료를 간단하게 설명할 수 있는 모양은 원이 아니라 타원이었다. 완전함의 상징인 원에 집착한 결과 진실에 다가가지 못한 것이다. 이 일은 자연계의 올바른 법칙을 찾는 과정에서 '자연이 완전한 아름다움을 지닐 것이다'라는 선입관에 사로잡힌 결과 잘못된 결론에 이른 대표적인 사례로 꼽힌다.

겉보기에 아름다운 원운동의 조합에서 벗어난 일은 근대 물리학의 탄생으로 이어졌다. 왜냐하면 이를 바탕으로 훗날 천상 세계와 지상 세계가 본질적으로 같으며, 하나로 이어진 세계라는 사실이 밝혀졌기 때문이다.

다만, 케플러의 발견이 즉시 널리 퍼지지는 못했다. 당시에는 전통적인 천동설이 강력하게 지지받고 있어서 지동설에 바탕을 둔 생각은 잘 받아들여지지 못했기 때문이다. 게다가 아직 행성이 타원 궤도로 운동하는 이유도 밝혀내지 못한 상황이었다.

망원경으로 진실이 밝혀지다

케플러처럼 천체 운동에 관한 지식이 풍부하고 매우 신중하게 생각할 수 있는 극소수의 사람만 지동설이 옳다는 사실을 이해했을 것이다. 다만, 그 밖의 보통 사람들이 그동안 굳게 믿고 있던 상식을 쉽게 버리지 못한 것도 어쩔 수 없는 일이었다. 상식을 뒤집기 위해서는 결정적인 증거가 필요했다.

진실로 이르는 길은 망원경의 발명을 통해 열렸다. 망원경이 발명되기 전까지 천체 관측은 오로지 맨눈으로 밤하늘을 관찰하는 방법에만 의존해야 했다. 인간의 시력에는 한계가 있으므로 아무리 눈이 좋아도 어두운 천체를 관찰할 수는 없었다. 그런데 망원경은 멀리 있는 것을 크게 보여 줄 뿐만 아니라 어두운 빛을 밝게 만들어 주기도 했다. 이처럼 망원경은 천문학을 밑바탕부터 바꾼 혁신적인 발명품이었다.

갈릴레오의
천체 관측

갈릴레오 갈릴레이의 관측

이탈리아의 과학자 갈릴레오 갈릴레이는 망원경을 사용해 천상 세계를 자세히 관찰했다. 갈릴레오는 뉴턴과 함께 근대 물리학의 탄생에 기여한 핵심 인물로 꼽힌다. 그는 수많은 발견을 했는데, 그중에서도 목성에 위성이 있다는 것을 밝힌 것은 세계관을 바꿀 만큼 혁신적인 일이었다.

갈릴레오는 당시에 발명된 지 얼마 안 된 망원경의 원리를 듣고 스스로 고성능 망원경을 만들었다. 이 망원경을 사용해 천체를 관측하다가 목성 주위를 도는 위성 4개를 발견했다. 처음에는 목성 근처에 있는 별인 줄 알았지만, 실제로는 목성 주위를 도는 천체였다.

천동설에서는 기본적으로 모든 천체가 지구 주위를 돈다. 하지만 갈릴레오의 발견은 지구가 아닌 천체가 운동의 중심이 될 수 있음을 보인 것이었다. 즉 지구를 모든 것의 중심으로 설명하는 천동설에 반하는 사실이었다.

또한, 갈릴레오는 금성이 차고 이지러지는 동시에 크기가 변하는 것을 관찰했다. 금성도 지구와 마찬가지로 태양 주위를 도는 행성이며, 지구보다 안쪽 궤도를 돌고 있다. 그래서 지구와 거리가 가까워지면 크게 보임과 동시에 그늘 부분이 커져서 초승달 모양이 된다. 반대로 지구와 멀어지면 크기가 작아지고 그늘 부분도 줄어서 보름달처럼 전체가 빛나 보인다. 천동설로는 무척 설명하기 어려운 일이지만, 지동설에서는 당연한 현상일 뿐이다.

갈릴레오는 그 밖에도 은하수가 수많은 별의 집단임을 밝혀내고 태양과 달의 표면을 자세히 관찰하는 등, 육안의 한계 때문에 베일에 가려져 있었던 천상 세계의 참모습을 차례차례 밝혀 나갔다. 갈릴레오가 자신의 눈으로 직접 확인한 그 세계는 틀림없이 지동설을 따르고 있었다.

그래도 지구는 돈다

갈릴레오는 이미 지동설이 사실임을 알고 있었지만, 그동안 천동설을 굳게 믿어 온 다른 사람들은 쉽게 지동설을 받아들이지 못했다. 자신의 눈으로 직접 확인한 사실이 아니었기 때문이다.

중세 유럽의 정신세계를 지배했던 기독교는 천동설을 교리로 삼았다. 따라서 만약 교회의 가르침에 반하는 지동설이 옳다는 사실이 밝혀지면 교회의 권위에 금이 갈 상황이었다. 필연적으로 교회는 관측 결과와는 무관하게 천동설이 옳다고 주장해야만 했다.

잘 알려진 대로 갈릴레오는 지동설을 주장한 죄로 종교 재판에 부쳐져 유죄 판결을 받았다. 그 결과 지동설을 퍼뜨리는 일을 금지당하고, 자택에 연금된 채 세상을 떠나고 말았다.

이 재판이 끝난 후에 갈릴레오가 "그래도 지구는 돈다"라고 말했다는 유명한 이야기가 있다. 하지만 실제로 그런 말을 했다는 증거는 없다고 한다. 만약 재판 직후에 갈릴레오가 정말로 그런 말을 다른 사람들이 듣는 앞에서 했다면 그냥 넘어가지는 못했을 것이다. 따라서 후세에 누군가가 꾸며 낸 이야기일 가능성이 크다. 다만, 실제로 말했든 말하지 않았든 간에 갈릴레오가 그렇게 생각했던 것만은 틀림없는 사실일 것이다.

뉴턴과
근대 물리학

애초에 왜 행성은 타원 운동을 하는가

어째서 행성은 타원 운동을 하며 태양 주위를 도는 것일까? 이 의문이 바로 근대 물리학이 탄생하는 계기가 되었다. 근대 물리학은 천상과 지상이 하나로 이어져 있으며 거대한 세계의 일부임을 밝혔다. 이는 모든 물체가 서로를 끌어당기고 있다는 만유인력의 법칙으로 설명할 수 있었다.

만유인력의 법칙은 아이작 뉴턴이 발견한 법칙으로 유명하다. 사실 인지는 분명하지 않으나, 뉴턴은 사과가 나무에서 떨어지는 것을 보고 만유인력의 법칙을 생각해 냈다고 한다. 그래서 많은 사람이 뉴턴이라고 하면 흔히 사과를 떠올리곤 한다.

사과가 나무에서 떨어지는 이유는 지구가 사과를 끌어당기기 때문이다. 그리고 이와 똑같은 힘이 태양과 행성 사이에서도 작용해 행성의 타원 운동을 일으킨다. 또한, 만유인력의 법칙을 통해 케플러가 발견한 행성 운동의 성질을 모두 설명해 낼 수 있다.

그동안 수많은 사람이 사과가 나무에서 떨어지는 모습을 봤겠지만, 그들은 뉴턴이 되지 못했다. 보통은 사과가 나무에서 떨어지는 이유를 따지지 않는다. 너무나 당연한 일이기에 그 이유를 생각할 필요를 느끼지 못하기 때문이다.

하지만 천상 세계의 구조에 관해 생각하던 뉴턴은 세계를 바라보는 방식이 보통 사람과는 달랐다. 지상에서 사물이 아래로 떨어지는 현상은 일상적이고 당연한 일인데, 천상에서 행성이 운동하는 현상도 이와 똑같은 원리에 의한 것이었다니 까무러치게 놀랄 만한 일이었다.

뉴턴의 운동 법칙

뉴턴이 만유인력을 발견함으로써 세계를 바라보는 방식이 갑작스럽게 바뀌었다. 천상과 지상의 구분이 사라졌기 때문이다. 천상 세계와 지상 세계는 서로 다른 법칙이 지배하는 개별적인 세계가 아니라 하나의 세계라는 사실이 밝혀졌다. 즉 천상과 지상이 모두 우주라는 커다란 공간 속에 존재한다는 뜻이다.

또한 뉴턴은 세계에 존재하는 모든 물체에 적용할 수 있는 '세 가지 운동 법칙'을 정리했다. 이 세 가지 법칙에 만유인력의 법칙을 더하면 지상에 존재하는 물체부터 천체에 이르기까지 세계의 모든 운동을 설명할 수 있다는 말이다. 지상의 물체가 운동할 때는 수많은 힘이 작용해서 몹시 복잡하지만 근본적으로는 모두 이 법칙에 따라 운동한다고 설명했다.

이는 '몇 가지 기본적인 법칙으로 세계의 모든 것을 설명할 수 있다'라는 사고방식이 싹트는 계기가 되었다. 현대에는 뉴턴이 제시한 운동 법칙으로 설명할 수 없는 현상이 존재한다는 사실이 밝혀졌다. 하지만 몇 가지 기본 법칙으로 세계 전체를 설명하겠다는 사고방식은 현대 물리학에서도 여전히 이어져 내려오고 있다.

뉴턴은 자신이 만들어 낸 이론 체계를 《프린키피아》라는 저서에 정리했고, 이는 뉴턴 역학이라 불리는 근대 물리학의 규범이 되었다. 이것이 바로 뉴턴이 물리학의 세계에서 특별한 존재인 이유다.

뉴턴의 성격

———

뉴턴이라고 하면 위대한 학자라는 생각이 들겠지만 실제로는 다소 괴팍하고 복잡한 인물이었다. 자신과 경쟁 관계인 학자를 집요하게 공격해 업적을 가로채려는 면도 있었다고 한다.

특히 동시대의 학자인 로버트 훅에게 엄청난 적개심을 보였다고 전해진다. 훅은 용수철 등 탄성이 있는 물체의 힘에 관한 법칙인 '훅 법칙'을 만든 사람이며, 태엽 시계의 발명자이기도 했다. 뉴턴의 업적으로 알려진 발견 중 몇 가지는 사실 훅이 먼저 발견했다고 한다. 중력의 기본적인 법칙도 뉴턴보다 먼저 깨달았던 것 같지만 후세에는 잘 알려지지 않았다.

훅은 영국 왕립협회의 창립 회원으로 초대 실험 주임이었다. 훗날 왕립협회의 회장이 된 뉴턴은 이미 세상을 떠난 훅의 업적을 덮어버리려 했으며 왕립협회에 있던 훅의 초상화를 폐기해 버렸다고 한다.

"내가 다른 사람보다 더 멀리 내다볼 수 있었다면, 그것은 거인의 어깨 위에 서 있었기 때문이다"라는 뉴턴의 유명한 말이 있다. 이는 뉴턴의 겸손함을 드러내는 말이라고 알려져 있다. 사실 이 표현은 뉴턴이 만들어 낸 것이 아니었고, 당시에 이미 널리 알려져 있던 비유였다. 이 말은 뉴턴이 훅에게 보낸 편지 속에 나오는데, 등이 구부러져 있는 훅을 조롱하기 위한 악의에 찬 문장이었을 가능성이 있다.

또한 뉴턴은 미적분의 발명에 관해서도 오랫동안 라이프니츠와 선취권을 다투었으며, 라이프니츠가 먼저 세상을 떠나자 기뻐했다고 한다. 천문학자인 플램스티드와는 혜성의 관측 결과에 관한 해석을 둘러싸고 논쟁을 벌였는데, 결국 플램스티드가 옳은 것으로 결론이 나자 뉴턴은 다양한 방법으로 보복했다고 한다. 연구자로서는 가까이 두기 싫은 인물이다.

하지만 어떤 인간이든 장단점이 있다. 위대한 일을 해낸 사람이라고 해서 모든 면이 다 훌륭한 것은 아니다. 결점이 전혀 없는 완벽한 인간은 존재하지 않는다. 만약 그런 인간이 있다면 틀림없이 각색된 것이다. 단점이 있었다고 해서 그의 업적까지 손상되지는 않는다. 뉴턴의 개인적인 성격이 어땠든 간에《프린키피아》는 오직 뉴턴만이 쓸 수 있었다. 물리학 발전에 크게 이바지한 업적은 의심할 여지가 없는 사실이다.

물체가 지구의 중심까지
떨어지지 않는 이유

세상에 존재하는 힘

뉴턴 역학의 등장과 함께 몇 가지 기본 법칙으로 세계의 모든 것을 설명한다는 물리학의 기본 방침이 정착했다. 우리가 사는 복잡하면서도 신비로운 세계 전체를 단순한 법칙 몇 가지로 설명할 수 있다는 생각이다. 현실 세계가 복잡하게 보이는 이유는 다양한 요인이 서로 얽혀 있기 때문이며, 근본적으로 따져 보면 모두 간단한 원리로 돌아가고 있다. 세계를 바라보는 이러한 관점은 물리학, 그리고 자연과학이 크게 발전하는 기반이 되었다.

　뉴턴의 운동 법칙과 만유인력의 법칙 덕에 지상에서 일어나는 물체의 운동과 천상에서 일어나는 천체의 운동을 모두 똑같은 방식으로 설명할 수 있게 되었다. 물체 사이에는 만유인력뿐만 아니라 다른 다양한 힘도 작용한다. 세상에 존재하는 힘이 만유인력뿐이면 정말 큰일일 것이다. 만약 그런 상황이라면 독자 여러분은 순식간에 지구 중심까지 떨어지고 만다.

여러분은 지금 책을 읽고 있으니 아마 의자에 앉아 있을 것이다. 의자는 여러분의 체중을 버티고 있다. 또한 의자는 바닥이 지탱하고 있고, 바닥은 그 아래에 있는 지면이 떠받들고 있다. 여러분 아래에 있는 다양한 물체가 지구 중심까지 이어져 있으며 여러분을 지탱하고 있다. 그 덕에 여러분이 지구 중심까지 떨어지지 않는 것이다.

사물을 지탱하는 힘

왜 물체는 다른 물체를 지탱할 수 있을까? 단단한 물체니 당연하다고 생각할지도 모르지만, 애초에 단단함과 부드러움이란 무엇일까?

단단한 물체는 속이 꽉 차 있어서 단단한 것일까? 확실히 목재는 가볍고 부러지기 쉬운 반면에 쇠막대기는 무겁고 잘 부러지지 않는다. 하지만 실제로는 그런 애매한 이유로 물체의 단단함이 결정되는 것이 아니다. 더 근본적인 이유가 있다.

우리 눈에 보이는 물체는 모두 원자로 구성되어 있다. 물체가 한 덩어리로 형태를 유지하고 있는 이유는 이웃한 원자끼리 강하게 연결되어 있기 때문이다. 또 물체가 부러지거나 깨지거나 변형되는 이유는 그 연결이 끊어지기 때문이다. 따라서 원자끼리의 연결 강도가 강할수록 물체는 단단하다.

결국 독자 여러분이 중력을 거스르며 의자 위에 앉아있을 수 있는 이유는 원자 사이에 작용하는 힘 덕분이라는 소리다. 중력을 지탱하는 힘뿐만 아니라 물체 간에 작용하는 힘 또한 원자 사이에 작용하는 힘 때문이다. 왜냐하면 모든 물체는 원자로 이루어져 있으니까.

원자 사이에서
작용하는 힘

전기력

원자 사이에서 작용해 물체의 형태를 유지하는 힘의 정체는 만유인력이 아니다. 만유인력은 서로 끌어당기기만 하는 힘인데, 실제로는 물체를 이용해 다른 물체를 밀어낼 수도 있고 끌어당길 수도 있다. 즉 끌어당기는 힘인 인력뿐만 아니라 밀어내는 힘인 척력도 작용한다는 뜻이다.

인력과 척력을 둘 다 지니는 힘이라고 하면 즉시 떠오르는 것이 있을 것이다. 바로 전기력이다. 양전하와 음전하 사이에서는 인력이 작용하며, 양전하끼리와 음전하끼리는 척력이 작용한다.

원자의 중심에는 양전하를 띤 원자핵이 있으며, 음전하를 띤 전자가 원자핵 주위를 돌아다니고 있다. 원자핵은 전자보다 매우 무거우며, 음전하를 띤 전자가 양전하를 띤 원자핵 주변에 존재한다.

전자가 원자핵 주위를 빙글빙글 돈다고?

독자 여러분 중에는 학교에서 '전자는 원자핵 주위에서 궤도 운동을 한다'라고 배운 사람이 있을 것이다. 마치 행성이 태양 주위를 도는 것처럼 말이다. 하지만 이는 사실 정확하지 않은 표현이다.

필자도 학교에서 그렇게 배웠는데, 설명이 너무나 부자연스럽고 억지스러워서 잘 이해하지 못하고 어리둥절했던 기억이 난다. 전자가 하나뿐인 수소 원자라면 이해할 수 있었다. 하지만 그 밖의 원자에는 전자가 2개 이상 존재한다.

원자핵과 전자는 서로 끌어당기지만, 전자와 전자는 서로 밀어낸다. 다시 말해 전자와 원자핵 사이에서 인력이 작용하는 동시에 전자와 전자 사이에서 척력이 작용한다는 뜻이다. 전자끼리 서로 접근하면 원자핵과의 인력보다 전자 사이의 반발력이 더 커질 텐데, 그런 상황에서 안정된 궤도 운동을 할 수 있을 것 같지 않았다.

원자 내부뿐만 아니라 외부도 문제다. 만약 원자가 이웃 원자와 부딪치기라도 하면, 그 때문에 전자의 궤도는 또 엉망이 될 것이다. 그런데도 어째서 원자는 존재할 수 있는 것일까?

원자는 양자역학의 원리에 따라 존재한다

사실 원자가 존재할 수 있는 진짜 이유를 이해하려면 대학에서 본격적으로 물리학을 공부해야 한다. 중·고등학교 과정에서 배우는 직관적인 물리 지식만 가지고서는 아무래도 불완전한 설명밖에 할 수 없다. 왜냐하면 원자는 우리의 상식에서 크게 벗어난 '양자역학'의 원리로 존재하기 때문이다.

양자역학의 원리는 우리의 일상과 상식에서 멀리 떨어진 세계의 이야기다. 우리 주변에 있는 사물을 이해하는 감각으로 원자를 이해할 수는 없다. 원자는 대단히 미시적인 세계에 존재한다. 그래서 수없이 많은 원자가 모여서 이루어진 우리 세계의 사물과는 전혀 다른 거동을 보인다.

양자역학에 관해서는 이 책의 뒤에서 자세히 다루겠다. 직관적으로는 이해하기 어렵겠지만, 원자는 양전하를 띤 원자핵과 음전하를 띤 전자로 구성되어 있으며 전기의 힘으로 제 모양을 유지하고 있다. 원자와 원자 사이에서 작용하는 힘도 전기력이며, 원자가 모여서 분자를 이루는 것도 전기력에 의한 현상이다.

전자기력

전기력과 유사한 힘으로 자기력이 있다. 실은 전기와 자기는 본질적으로 하나이며, 이 두 가지를 합쳐서 전자기력이라고 부른다. 중력을 제외하면 우리 주변에서 보이는 힘은 모두 전자기력으로 설명할 수 있다.

물체가 다른 물체를 밀거나 끄는 등 서로 힘을 전달할 수 있는 이유는 원자 사이에 작용하는 전자기력 때문이다. 고등학교 물리에서는 마찰력과 항력 등 다양한 힘을 가르치는데, 사실 그중 대부분은 전자기력의 한 형태이다.

다양한 힘의
근본

___

다양한 힘을 전자기력으로 설명할 수 있다

___

고등학교 물리 문제에 자주 나오는 마찰력을 전자기력으로 설명해 보겠다. 바닥에 놓인 물체를 질질 끌면서 움직일 때는 바닥과 물체 사이에 마찰력이 작용한다. 마찰이란 바닥 표면에 있는 요철과 물체 표면에 있는 요철이 서로 닿으면서 움직임을 방해하는 현상이다. 요철이 서로 닿는다는 말은 바닥 표면에 있는 원자와 물체의 표면에 있는 원자가 서로 부딪친다는 뜻이다. 따라서 이것도 원자 사이에서 작용하는 전자기력에 의한 현상이다.

그 밖에도 고등학교 물리에서는 수직항력, 탄성력, 장력, 표면장력 등을 가르치는데, 모두 원자 사이에서 작용하는 힘인 전자기력으로 설명할 수 있다.

사람이 움직이면서 내는 힘은 무엇일까? 이는 모두 근육이 수축하면서 생기는 힘이다. 손에 들고 있는 물건을 움직일 때는 손과 팔에 있는 근육이 적절하게 수축하고 이완한다. 근육 안에서는 액틴과 미오신이라는 단백질이 미세한 섬유를 이루고 있는데, 이들이 서로를 끌어당기면 근육이 수축한다. 단백질은 모양이 복잡한 분자로 이루어져 있으며, 분자 사이에서 작용하는 힘도 결국 전자기력이다. 따라서 인간의 몸이 만들어 내는 힘도 근본을 따져 보면 전자기력이다.

관성력과 원심력은 중력의 일종

이처럼 우리 주변에 보이는 힘은 모두 전자기력이거나 중력이다. 그럼 관성력과 원심력은 무엇인지 궁금한 독자도 있을 것이다.

관성력이란 전철이나 차가 움직이기 시작하거나 제동을 걸었을 때 안에 있는 사람을 앞이나 뒤로 쏠리게 만드는 힘이다. 원심력이란 커브를 돌 때 바깥쪽으로 밀리는 힘을 가리킨다.

관성력과 원심력을 '겉보기 힘'이라고도 한다. 탈것을 타지 않은 사람이 보기에는 딱히 힘이 걸리지 않은 것처럼 보이기 때문이다. 하지만 실제로 체감할 수 있는 힘이기에 존재하지 않는 것은 아니다.

관성력과 원심력은 전자기력이 아니다. 전자기력은 전기나 자기를 띤 물체에만 작용하는 힘이다. 반면에 관성력과 원심력은 탈것에 탄 모든 사람과 물체에 똑같이 작용한다. 게다가 무게가 무거울수록 더 큰 힘이 작용한다. 이는 중력의 성질과 비슷하다.

사실 관성력과 원심력은 넓게 보면 중력의 일종이다. 엉뚱한 말처럼 들리겠지만, 이를 이론적으로 설명한 것이 바로 그 유명한 아인슈타인의 '일반상대성이론'이다. 이에 관해서는 제6장에서 자세히 설명하겠다.

이처럼 우리 주변에서 보이는 힘은 거의 예외 없이 전자기력이나 중력으로 설명할 수 있다. 그 밖에도 원자핵 내에서 작용하는 '약한 상호 작용'과 '강한 상호 작용'이라는 이름이 특이한 힘도 있는데, 눈으로는 직접 볼 수 없는 힘이다. 하지만 약한 상호 작용과 강한 상호 작용이 비록 보이지는 않더라도 대단히 중요한 기능을 하며, 절대 없어서는 안 되는 힘이다. 이렇듯 세계는 매우 정교하게 구성되어 있다.

03

**모든 것은 원자로
이루어져 있다**

물질을 계속 나누다 보면
어떻게 될까

● ●

물을 계속 반으로 나누기

학교에서 배우기에 누구나 알고 있는 지식이기는 하지만, 좀처럼 실감하기 힘든 사실이 하나 있다. 바로 모든 물질이 원자로 이루어져 있다는 사실이다. 우리 눈앞에 펼쳐진 다채로운 세계가 사실은 종류가 유한한 여러 입자로 구성되어 있다는 것은 참으로 놀라운 일이다.

때때로 우리는 물질을 얼마든지 나눌 수 있다고 생각하곤 한다. 물 1L, 다시 말해 물 1kg을 반으로 나누면 500g이 된다. 물 500g을 반으로 나누면 250g이다. 이런 식으로 물 1kg을 10번 반으로 나누면 1g이 조금 못 되는 무게로 줄어버린다. 여기서 10번 더 반복하면 1mg이 못되는 무게가 된다. 물 1mg은 물방울 하나의 30분의 1 정도 분량이다. 이렇게 양이 줄어 버려도 물은 여전히 물이지, 다른 무언가가 되지는 않는다. 그리고 얼마든지 더 나눌 수 있을 것처럼 보인다.

이런 식으로 물을 계속 반으로 나누다 보면 언젠가는 물 분자 하나가 남아서 더는 나눌 수 없게 된다. 그러한 상태에 이르려면 물 1L를 85번 반으로 나누어야 한다.

2배로 불리기를 85번 반복하기

85번이나 반으로 나누는 것은 엄청난 작업이다. 이것이 얼마나 대단한 일인지 실감하기 위해서 반대로 작은 것을 2배로 불린다고 생각해 보자. 쌀 한 톨을 2배로 불리면 쌀 두 톨이 되고, 한 번 더 2배로 불리면 4톨이 된다. 이를 10번 반복하면 1,024톨이 되며, 무게로 따지면 약 20g 정도다. 2배로 불리기를 10번 반복할 때마다 1,024배가 되므로, 85번이나 반복하면 엄청난 양이 될 것이다.

이에 관해 유명한 이야기가 있다. 도요토미 히데요시가 자신의 오토기슈(주군 곁에서 말 상대를 하는 관직 - 옮긴이)인 소로리 신자에몬에게 상을 내리겠다면서 원하는 것을 말해 보라고 했다. 그러자 신자에몬은 첫째 날에 쌀 한 톨, 둘째 날에 쌀 두 톨, 셋째 날에는 쌀 네 톨이라는 식으로 매일 전날의 2배만큼 쌀을 내려 달라고 청했다. 아주 유명한 이야기다 보니 다들 어디서 들어본 적이 있을 것이다.

이를 85일 동안 반복하면 마지막 날에 받을 쌀의 양은 10^{21}kg이다.

10^{21}이란 1 다음에 0을 21번이나 쓴 숫자다. 이만큼의 쌀이 있으면 전 세계 인구 73억 명이 매일 쌀을 서 홉씩 6억 년 이상 먹을 수 있다. 부피로 환산하면 10억km³인데, 이는 지구 전체의 바다 부피와 비슷하다.

원자는 엄청나게 작다

반대로 말하면 지구 상의 바닷물을 모두 쌀로 바꿔서 이를 85번 반으로 나누면 쌀 한 톨이 된다는 뜻이다. 반으로 나누기를 85번 반복하면 이만큼이나 양이 줄어 버린다.

지구에 있는 바닷물 전체 중 쌀 한 톨만큼의 비율이 바로 물 1L 중 물 분자 하나의 비율과 같다. 원자와 분자의 세계가 얼마나 작은지 약간은 실감이 났을 것이다.

이처럼 원자의 세계는 몹시 작다 보니, 인간은 오랜 세월 동안 원자의 존재를 알지 못했다. 오늘날 물질이 원자로 이루어져 있다는 것은 상식이지만, 사실 원자의 존재가 밝혀진 지는 그리 오래되지 않았다.

원자의 존재를
증명하기는 쉽지 않다

물질의 정체란

고대 그리스 시절부터 물질은 더는 쪼갤 수 없는 최소한의 단위로 이루어져 있다는 원자설이 존재했지만, 확인할 수 없는 가설일 뿐이었다. 그 후로 원자설에 관한 논쟁이 계속 이어졌다. 하지만 언제나 결론은 나지 않았다.

물체의 운동 법칙이 밝혀졌던 갈릴레오와 뉴턴의 시대에도, 물질의 정체가 무엇이냐는 기본적인 질문에는 아무도 답하지 못했다. 뉴턴 등은 연금술 연구에 엄청난 열정을 쏟기도 했을 정도다.

연금술과 뉴턴

—

연금술이란 귀금속이 아닌 물질로 귀금속을 만들어 내려는 시도였다. 만약 성공하면 큰돈을 들이며 금과 은을 캘 필요가 없다. 만약 연금술에 성공한 사람이 있었다면 엄청난 부자가 됐을 것이다. 다만 그 비법이 세상에 퍼지면 금값이 폭락할 것이므로 누구보다도 먼저 방법을 찾아내야만 했다. 그래서 사람들은 연금술 연구 내용을 아무도 보지 못하게 숨기곤 했다. 뉴턴도 자신의 방대한 연금술 연구 내용을 공개하지 않았다.

현대에는 연금술이 불가능하다는 사실이 밝혀졌다. 귀금속은 원소로 이루어져 있으므로, 화학 반응을 통해 만들어 낼 수 없다. 그러나 물질의 정체를 몰랐던 옛날에는 연금술도 과학기술 연구의 한 종류였으며 꿈과 같은 기술이었다. 뉴턴은 연금술에서 사용하는 수은에 중독됐다고 전해지며, 그의 유발에서는 수은이 검출됐다고 한다. 또, 뉴턴이 정신적으로 불안정했던 이유는 수은 때문이라는 주장도 있다.

원자는 너무나 작아서 직접 볼 수 없었다

—

20세기가 되어서야 과학자들은 원자의 존재를 인정했다. 인류의 긴 역사 속에서 고작 100년 정도밖에 지나지 않은 일이다. 이는 모두 원자가 너무 작아서 직접 볼 수 없었기 때문이다.

독자 여러분도 학교에서 배운 지식 덕분에 원자가 있다는 사실을 알고는 있지만, 정말로 원자가 있다고 확신한 적은 없을 것이다. 원자는 너무나 작아서 배율이 높은 현미경으로도 보이지 않는다. 그래서 어쩔 수 없이 배운 대로 믿는 수밖에 없다.

무한히 잘게 쪼개기

물질이 원자로 이루어져 있다는 지식을 일단 잊어버리고 자신의 경험만으로 생각해 보면, 물질은 얼마든지 작게 쪼갤 수 있을 것처럼 보인다. 부드러운 물체라면 손으로 쉽게 나눌 수 있다. 철이나 돌처럼 단단한 물체는 높은 곳에서 떨어뜨리는 등 강한 충격을 주면 깨진다.

하지만 그렇다고 물질을 영원히 쪼갤 수 있다는 것도 영 석연치 않은 생각이다. 심리적으로도 무한이라는 말은 부담스럽다. 상상하기 어렵기 때문이다. 따라서 무한을 피하려면 더는 쪼갤 수 없는 최소 단위가 존재한다는 결론에 이를 수밖에 없다. 이처럼 비록 원자를 보는 방법이 전혀 없다 해도, 원자가 존재한다는 추측에는 이를 수 있다.

문제는 그것이 사실이라고 객관적인 증거를 대며 설명할 수 있느냐다. 물질을 무한히 나눌 수는 없을 테니 더는 쪼갤 수 없는 원자가 존재할 것이라는 말은 그저 희망사항일 뿐이다. 단지 상상하기 어렵다는 이유만으로 무한히 쪼개는 일이 불가능하다고 단정하는 것은 과학적인 태도가 아니다.

너무나 작은
원자

· · · · · · · · · · · · · · ·

원자는 직접 보기에는 너무 작다

———

원자는 너무나 작아서 웬만한 현미경으로는 볼 수 없다. 아무리 원자가 작다 해도 극한까지 배율을 올린 현미경을 이용하면 볼 수 있지 않겠냐는 생각도 들 것이다. 하지만 확대용 렌즈를 조합한 일반적인 광학 현미경으로는 아무리 배율을 올려도 원자를 볼 수 없다.

대체 왜 그런 걸까? 사물이 눈에 보이는 이유를 잘 생각해 보자. 우리는 물체에서 나오는 빛을 본다. 물체는 스스로 빛을 발하기도 하고 다른 데서 온 빛을 반사하기도 한다. 그 빛이 우리 눈에 들어와 망막에 상이 맺히면 우리는 물체의 색과 모양을 인식할 수 있다.

하지만 빛이란 파동의 한 종류다. 우리는 평소에 빛이 파동이라는 사실을 잘 인식하지 못하는데, 이는 빛의 파장이 극단적으로 짧기 때문이다.

빛의 파장이란

파장이 무엇인지 복습해 보자. 바닷가에 밀려오는 파도를 떠올리면 알 수 있듯이, 파동이란 어떤 규칙적인 변화가 퍼져 나가는 현상이다. 그 규칙적인 변화에는 기본 길이가 있으며, 이를 파장이라고 한다. 가령 바다에 이는 물결인 파도를 보면 물의 높이가 가장 높은 마루와 가장 낮은 골이 일정한 간격으로 반복된다. 이때 마루와 마루 사이의 거리, 혹은 골과 골 사이의 거리가 바로 파장이다.

파도가 바다 위를 나아가는 파동이라면, 빛은 공간 속을 나아가는 파동이다. 빛의 파장은 아주 다양한데, 파장이 다른 빛은 서로 다른 색으로 보인다.

또한 빛의 파장은 극단적으로 짧다. 눈에 보이는 빛을 가시광선이라고 하는데, 가시광선의 파장은 거의 400nm에서 700nm 정도다(1nm는 0.000001mm이다). 파장이 길수록 빨갛게 보이고, 파장이 짧을수록 파랗게 보인다. 흰색 빛이 프리즘을 통과하면 다양한 파장의 빛으로 나누어지는 실험이 생각나는 사람도 있을 것이다.

파장보다 작은 것을 볼 수는 없다

———

그만큼이나 짧은 길이는 인간의 눈으로 인식할 수 없다. 그래서 일상생활 속에서는 빛이 파동임을 실감할 기회가 거의 없다. 그보다는 '광선'이라는 표현에서 알 수 있듯이 똑바로 직선을 그리며 나아가는 빛의 성질이 더 눈에 띈다.

빛이 파도나 물결처럼 보이지 않고 똑바로 나아가는 선처럼 보이는 성질은 우리가 눈으로 사물을 보기 위한 필수 조건이다. 물체의 모양을 인식하려면 눈에 들어온 빛이 물체의 어느 부분에서 왔는지 구별해 낼 수 있어야 한다. 이를 위해서는 빛의 파장이 물체의 길이보다 훨씬 더 짧아야 한다. 만약 빛의 파장이 물체의 길이와 비슷하면 물체의 모양을 볼 수 없을 것이다.

원자의 크기는 1nm보다 작은데, 이는 가시광선의 파장보다 훨씬 짧다. 따라서 광학 현미경의 배율이 아무리 높다 해도 원자는 절대 보이지 않는다. 그 어떤 작은 물체라도 확대하면 잘 보일 것이라는 생각은 우리의 경험을 확대 해석한 잘못된 추측일 뿐이다(현대 기술을 이용하면 원자의 모습을 볼 수도 있지만, 이는 빛을 쏴서 보는 방식이 아니다).

원자의 존재를 확신하기 위한 가장 좋은 방법은 직접 눈으로 보는 것이다. 하지만 그것이 불가능하다 보니 원자의 존재는 무척 증명하기 어렵다. 이것이 20세기 초반까지 원자가 정말 존재하는지 확신할 수 없었던 이유다. 고대 그리스 시대부터 존재했던 원자론은 실험적 근거를 지니지 않는 가설일 뿐이었다.

화학 반응식과
원자의 존재

· · · · · · · · · · · · · · · · · · ·

화학 반응식

———

비록 원자를 직접 본 적이 없어도, 화학 반응식을 배운 사람이라면 물질이 원자와 분자로 이루어져 있다는 사실을 쉽게 상상할 수 있을 것이다. 화학 반응식을 보면 어떤 반응이 일어나는지 일목요연하게 알수 있다. 수소 분자 H_2와 산소 분자 O_2가 결합하면 물 분자 H_2O가 생기는데, 이때 수소 분자와 산소 분자와 물 분자의 개수비는 반드시 2:1:2가 된다. 그래야만 수소 원자 H와 산소 원자 O의 개수가 반응 전후로 일치하기 때문이다.

어떤 화학 반응에서든 원자의 개수는 반응 전후로 반드시 일치한다.

이렇게 간단한 방식으로 화학 반응을 설명할 수 있으며, 다양한 화합물을 만들어 내는 원소의 존재를 명확하게 인식할 수 있다. 학교에서 가르치는 대로 이해하면 무척 쉬운 내용처럼 보이지만, 실제로는 다양한 화학 반응을 원소의 조합으로 설명할 수 있다는 사실이 밝혀지기까지 수없이 많은 시행착오가 있었다.

화학 반응식의 양변에서 원소기호의 개수는 반드시 일치한다. 이를 통해 원소는 셀 수 있음을 알 수 있다. 화학 반응식 자체는 물질의 반응 규칙을 나타낼 뿐이며, 반응하는 물질의 종류와 양을 정확하게 알려 준다. 화학 반응식이 고안될 당시에는 아직 원자와 분자가 실제로 존재하는지 밝혀지지 않은 상태였다. 하지만 화학 반응식이 성립하는 이유를 설명하는 가장 간단한 방법은 바로 원소가 원자로 구성되어 있다고 생각하는 것이다.

그래도 원자의 존재는 확실하지 않다

화학 반응식의 양변에 있는 화합물의 종류를 보면 어떠한 반응이 일어나는지 알 수 있지만, 화학 반응의 유형에는 일반적인 규칙이 없다. 그래서 학교에서 화학을 배울 때는 다양한 반응을 일일이 외워야만 했을 것이다. 화학 반응에는 뉴턴의 운동 법칙 같은 단순한 법칙이 존재하지 않는다.

화학 반응식이 성립한다는 사실은 원자의 존재와 모순되지 않지만, 그렇다고 이를 원자가 존재하는 확실한 증거라고 볼 수는 없다. 원자가 존재하지 않는다고 화학 반응식을 설명할 수 없는 것은 아니기 때문이다.

겉보기로만 원자가 존재하는 것처럼 보일 뿐, 실제로는 존재하지 않을 가능성도 있다. 설사 원자가 존재한다 할지라도 어떤 원리로 화학 반응이 일어나는지, 어떤 식으로 원자가 화학 반응에 관여하는지 분명하게 밝히지 못하면 원자의 존재를 주장할 수 없다.

원자가 존재할 것
같은 이유

· ·

수많은 사람의 노력

———

세상에는 수많은 물질이 존재하며, 그 사이에서 다양한 화학 반응이 일어난다. 언뜻 보기에 난잡하게 느껴지는 매우 다양한 화학 반응을 보고 있으면, 이를 뉴턴의 운동 법칙 같은 몇 가지 기본 법칙으로 설명하고 싶기도 하다. 이를 위해서는 먼저 원자가 존재한다는 사실을 분명하게 증명해 화학 반응의 정체를 밝혀내야 한다.

하지만 처음에는 원자의 존재를 직접 보일 수 없었기 때문에 원자가 있다는 사실을 증명하기 위해 수많은 사람이 엄청난 노력과 시간을 들여야 했다. 원자론은 아주 오래전부터 존재한 이론이었지만, 이를 입증하기란 쉽지 않았다. 증거가 없는 한 원자론은 근거 없는 억측일 뿐이었다. 그래서 원자론으로밖에 설명할 수 없는 현상을 수없이 제시함으로써 서서히 원자의 존재를 확립해 나갈 수밖에 없었다.

뉴턴의 이론

뉴턴도《프린키피아》에서 기체가 미세한 입자로 되어 있다고 가정하여 이론을 전개했다. 그렇게 가정했을 때 어떤 결론이 나오는지 수학적으로 알아본 것이다. 뉴턴은 기체를 이루는 입자 사이에서 거리에 반비례하는 척력이 작용한다고 가정했다. 물론 이는 만유인력의 법칙에서 말하는 인력을 척력으로 바꿨을 뿐이다.

뉴턴의 가정을 옳다고 했을 때, 기체를 압축하면 그 부피에 반비례해서 압력이 높아진다는 결론이 나온다. 이는 오늘날 '보일의 법칙'으로 알려진 기체의 실제 성질이다. 다만, 이는 뉴턴의 결론이 우연히 맞았을 뿐이지, 거리에 반비례하는 척력이라는 가정은 틀렸다. 어떤 이론이 현실 세계의 일부를 잘 설명한다고 해서 반드시 옳다고 보장할 수 없음을 보여 주는 좋은 사례다. 뉴턴의 시대에는 원자 사이에서 작용하는 힘을 직접 조사할 수 없었기에 그보다 더 나아갈 수 없었다. 또한, 뉴턴도 자신의 가정에 아무런 근거가 없다는 사실을 잘 알고 있었다.

물리학은 처음인데요

돌턴과 아보가드로

———

근대적인 원자론은 19세기 초에 제창되었다. 영국의 교사였던 존 돌턴은 화학 반응을 비교적 간단한 정수비로 나타낼 수 있다는 사실을 통해 원자가 존재한다고 확신했다. 물론 아직 원자의 정체는 알 수 없었지만, 다양한 화학 반응을 원자로 설명할 수 있다는 것이 드러났다. 그리고 돌턴은 원자의 상대적인 무게인 원자량을 밝혀냈다.

돌턴은 수소와 산소 등의 기체가 원자가 아닌 분자로 이루어져 있다는 사실을 몰랐다. 그래서 그의 이론은 정확하지 않았다. 돌턴의 이론을 수정해 수소와 산소 등은 원자가 2개씩 결합한 분자로 구성되어 있다고 하면 기체의 반응을 정확하게 나타낼 수 있다. 이를 밝힌 사람은 이탈리아 화학자인 아메데오 아보가드로였다. 아보가드로수라는 용어 때문에 익숙한 이름일 것이다.

아보가드로는 어떤 종류의 기체든 압력, 온도, 부피가 같다면 그 안에는 항상 분자가 똑같은 개수만큼 포함되어 있다는 '아보가드로의 법칙'으로 유명하다. 그 분자의 개수를 나타낼 때 쓰이는 상수가 아보가드로수이며, 이를 통해 임의의 물질이 몇 개의 원자로 되어 있는지 알 수 있다. 따라서 이는 원자론에서 가장 중요한 수라고 볼 수 있다.

아보가드로수는 대략 수소 1g에 들어 있는 원자의 수다. 정확하게 말하면 수소 원자보다 약 12배 무거운 탄소 12g에 들어 있는 원자의 수로 정의된다. 이는 손가락으로 살짝 집은 정도의 물질 속에 들어 있는 원자의 수라고 보면 된다. 그 값은 23자리에 달하는 커다란 숫자다.

원자론과
통계역학

. . . .

기체 분자 운동론

───

기체 성질에 관한 연구에서도 간접적으로 원자의 존재를 암시하는 단서가 나타났다. 고등학교에서 물리를 배웠다면 기체 분자 운동론이라는 말을 들어 봤을 것이다. 기체가 미세한 입자로 이루어져 있고, 각 입자가 서로 다른 방향으로 운동한다는 가정을 바탕으로 기체의 기본 성질을 유도해 낼 수 있다는 것이다. 가령 기체의 압력은 기체가 들어 있는 용기 내벽에 입자가 충돌하면서 생기는 힘이라고 설명할 수 있다.

기체에는 압력이 일정할 때 온도가 높을수록 부피가 커진다는 성질이 있는데, 이는 '샤를의 법칙'이라고 불린다. 예를 들어 열기구는 이 성질을 이용해서 하늘을 난다. 공기를 데워서 팽창시키면 열기구 안에 든 공기의 양이 줄어서 바깥 공기보다 가벼워지므로, 그 부력을 이용해 위로 뜨는 것이다.

이 샤를의 법칙은 기체 입자가 날아다니는 평균 속도에 따라 온도가 결정된다고 생각함으로써 설명할 수 있다. 입자의 속도가 빠를수록 기체가 담긴 용기 내부의 압력이 커진다. 이때 용기 외부의 압력이 일정하다면 내부 기체가 용기를 밀어내며 부피가 팽창하는 것이다.

기체 입자를 본 사람은 아무도 없지만, 기체가 미세한 입자로 이루어져 있다고 가정함으로써 이렇게 기체의 성질을 설명할 수 있다. 따라서 그 가정은 아마 사실일 것이다. 그리고 기체를 이루는 미세 입자는 곧 화학 반응을 설명하는 데 필요했던 기체 분자로 볼 수 있다.

볼츠만과 통계역학

19세기 말까지 원자가 존재한다는 가정에 바탕을 둔 연구가 진행된 결과, 볼츠만이라는 학자가 기체 분자 운동론을 더욱 발전시킨 통계역학이라는 연구 분야를 개척했다.

통계역학이란 다양한 물질의 거동을 원자와 분자의 역학으로 설명하는 분야다. 각 원자와 분자의 운동을 구체적으로 알지 못해도, 수많은 입자의 평균 성질을 계산함으로써 압력과 온도를 비롯한 다양한 물질의 성질을 유도해 낼 수 있다. 다시 말해 우리가 그동안 측정해 온 값은 입자의 통계적인 평균값이었던 셈이다. 그 이론적인 틀을 제공하는 것이 바로 통계역학이다.

이처럼 원자론은 착실하게 이론적 기반을 다져 나갔지만, 역시 직접 볼 수 없는 원자를 가정하는 일에 거부감을 보이는 과학자도 적지 않았다. 특히 초음속에 관한 연구로 유명한 물리학자 에른스트 마흐와 노벨 화학상을 수상한 화학자 빌헬름 오스트발트는 가상 존재에 불과했던 원자론에 강경하게 반대했다.

볼츠만은 이 강력한 두 논객과 격렬한 논쟁을 벌였다. 볼츠만은 1906년에 자살했기 때문에 그 후에 원자론이 널리 받아들여지는 모습을 보지 못했다. 볼츠만이 자살한 원인은 명확히 밝혀지지 않았지만, 자신의 이론이 부정당한 일이 큰 영향을 끼쳤다는 말이 있다.

마흐주의

지금 생각하면 마흐와 오스트발트의 주장은 결국 틀렸지만, 존재가 확실하게 밝혀지지 않은 요소에 바탕을 둔 통계역학이 사상누각이라는 생각에도 일리가 있었다. 마흐는 마흐주의라는 철학적인 사고방식으로도 유명하다. 마흐주의를 간단하게 설명하면 직접 경험할 수 있는 범위를 넘은 실체를 가정해서는 안 된다는 주장이다.

이 사상은 훗날 아인슈타인이 상대성이론을 제창하고 뉴턴 역학에서 가정하는 절대 시간과 절대 공간이라는 개념을 타파하는 데 큰 영향을 끼쳤다. 또한 뒤에서 설명할 양자론에서는 현실 세계가 관측과 무관하게 존재하지 않음이 밝혀졌다.

이러한 사례를 통해 알 수 있듯이, 직접 경험할 수 없는 것을 존재한다고 가정하는 일이 언제나 올바른 선택인 것은 아니다. 다만, 원자론에 한해서는 그렇지 않았다. 마흐주의는 새로운 물리학을 낳는 지침이 되기도 했지만, 반대로 물리학의 발전을 저해하기도 했다. 철학적인 사고방식은 물리학에 도움이 될 때도 있지만 그렇지 않을 때도 있었다. 즉, 적용하기 나름이라는 뜻이다.

원자의 수를
세다

· · · · · · · · · · · · · · ·

브라운 운동이란

―

화학 반응과 기체의 성질을 설명하기 위해서는 원자와 분자가 꼭 필요하다는 사실을 확인했다. 하지만 원자의 존재를 확신하려면 확고한 증거가 필요하다. 더 직접적인 방법으로 원자를 확인할 수는 없을까?

이에 관해서는 브라운 운동이라는 현상이 크게 공헌했다. 브라운 운동이란 물 등의 액체에 띄운 미세 입자가 불규칙하고 난잡한 운동을 하는 현상이다. 흔들림이 없는 잔잔한 물속인데도 미세 입자는 제멋대로 움직여서 마치 그 입자가 살아서 돌아다니는 것처럼 보인다.

식물학자 로버트 브라운은 꽃가루에 포함된 미세 입자를 현미경으로 관찰하다가 이 현상을 발견했다. 처음에 브라운은 이를 생명 현상이라 생각하고 연구를 진행했다. 하지만 예상과 달리 생명과 아무런 상관이 없는 암석이나 금속 분말로도 똑같은 현상이 일어난다는 사실이 드러났다.

브라운 운동은 미세 입자의 크기가 작으면 작을수록 활발해지며, 온도가 높을수록 격렬해진다. 또한 미세 입자가 무엇으로 이루어져 있는가는 상관없다. 브라운 운동의 원인은 미세 입자 자체가 아니라 주변에 존재하는 물 분자 때문이었다.

물 분자의 충돌

원자론에 따르면 물은 물 분자라는 입자로 이루어져 있으며, 온도가 높을수록 물 분자는 빠르게 움직인다. 물 분자는 미세 입자 주위에서 마구 움직인다. 오른쪽에서 물 분자가 날아와 부딪치면 미세 입자는 왼쪽으로 움직이고 왼쪽에서 날아와 부딪치면 오른쪽으로 움직인다. 브라운 운동은 이런 식으로 일어난다.

미세 입자가 작을수록 물 분자가 부딪쳤을 때 움직이기 쉬워지며, 미세 입자의 크기가 작으면 물 분자가 부딪치는 빈도도 줄어들므로 각 충돌의 영향이 커진다. 입자가 크면 수많은 물 분자가 사방에서 날아와 부딪치기에 전체적으로는 움직임이 덜해진다. 그리고 온도가 높을수록 물 분자가 활발하게 운동하므로 더 강하게 입자와 부딪친다. 이렇게 원자론을 통해 브라운 운동의 성질을 설명할 수 있다.

하지만 단지 브라운 운동의 성질을 대략 설명할 수 있다고 해서 물 분자의 존재를 확실하게 입증할 수는 없다. 대략적인 설명이 아니라, 물 분자의 크기와 개수에 따라 미세 입자의 움직임을 정확하게 설명할 수 있어야 한다.

아인슈타인의 이론

브라운 운동의 성질을 원자론을 바탕으로 설명한 사람은 바로 20세기 물리학의 거장 알베르트 아인슈타인이었다. 1905년에 아인슈타인은 브라운 운동으로 미세 입자가 얼마나 움직이는지 나타내는 수식을 이론적으로 유도해 냈다.

아인슈타인은 상대성이론으로 유명한데, 그에 관한 첫 논문도 1905년에 썼다. 그뿐만 아니라 광양자 가설이라는 이론도 같은 해에 발표했는데, 이는 훗날 양자역학으로 발전했다. 따라서 1905년은 아인슈타인의 '기적의 해'라고 불린다.

미세 입자는 난잡하게 움직이므로 계속 위치가 달라진다. 따라서 오래 관찰할수록 처음 있던 곳에서 먼 위치로 이동한다. 입자의 움직임은 관찰할 때마다 다르므로, 똑같은 시간 동안 관찰해도 입자의 첫 위치와 마지막 위치 사이의 거리는 매번 다를 수밖에 없다.

가령 미세 입자가 난잡하게 움직인 결과 1초 후에 첫 위치에서 1μm 떨어진 곳에 존재했다고 하자. 2초 후에는 그보다 더 떨어진 위치에 있을 수도 있고, 반대로 첫 위치로 돌아올 수도 있다. 하지만 관찰 시간이 길면 길수록 첫 위치와 마지막 위치 사이의 거리는 평균적으로 멀어진다. 개별적으로 보면 거리가 멀기도 하고 가깝기도 하지만, 평균값을 구하면 시간과 이동 거리를 연관 지을 수 있다.

아인슈타인은 이론적으로 평균 거리의 제곱이 시간에 비례한다고 밝혔다. 시간이 4배이면 평균 거리는 2배가 되며, 시간이 9배면 평균 거리는 3배가 되는 식이다.

비례계수가 중요하다

여기서 평균 거리의 제곱에 얼마를 곱해야 시간이 나오는지, 즉 비례계수가 이론적으로 유도되었다. 아인슈타인의 이론에 따르면 그 비례계수는 온도에 비례하며 아보가드로수에 반비례한다.

비례계수가 온도에 비례한다는 말은 온도가 높을수록 브라운 운동이 커진다는 뜻이다. 즉 미세 입자가 활발하게 움직인다는 의미이며, 이는 여태까지의 관찰 결과와 부합하는 설명이다.

또한 비례계수가 아보가드로수와 반비례한다는 성질은 아인슈타인의 이론에서 가장 중요한 부분인데, 이 말은 즉 브라운 운동을 정확하게 측정하면 물 분자의 개수를 알 수 있다는 뜻이다. 그동안은 원자나 분자의 개수를 헤아릴 수 없었다.

하지만 만약 브라운 운동이 물 분자의 난잡한 충돌 때문에 일어나는 현상이라면, 물 분자의 수가 브라운 운동의 활발함을 결정한다고 볼 수 있다. 물 분자가 1초당 평균 몇 번 미세 입자와 충돌하느냐로 브라운 운동의 활발함이 정해지기 때문이다. 즉, 물 분자의 수를 셀 수 있다는 말이나 마찬가지다.

페랭의 실험

브라운 운동을 정확하게 측정해 처음으로 아보가드로수를 정한 사람은 프랑스의 물리학자 장 페랭이었다. 페랭은 다양한 미립자와 물이 아닌 다른 액체를 사용하여 실험을 반복함으로써 아보가드로수를 계산했다.

또한 이와는 별개로 기체 분자 운동론에 따라 아보가드로수를 측정하는 방법 등 여러 방식을 통해 세밀하게 실험을 반복하며 아보가드로수의 값을 구했다. 그리고 그 모든 방법으로 똑같은 값이 나온다는 사실을 확인했다.

아보가드로수를 통해 물질의 원자와 분자의 수가 결정된다는 사실을 떠올려 보자. 서로 다른 여러 가지 방법으로 계산한 결과 모두 똑같은 값이 나온다. 이는 원자와 분자가 가상이 아니라 실제로 존재함을 시사한다. 이만큼이나 증거가 모인 이상 원자와 분자의 존재를 의심할 이유가 없다.

마지막까지 원자론에 반대하던 오스트발트도 이 결과에는 수긍할 수밖에 없었다. 하지만 마흐는 끝까지 원자가 실재한다고 인정하지 않았다고 한다. 그래도 원자론이 쓸모 있다는 점은 인정할 수밖에 없었을 것이다.

물리학은 처음인데요

마흐에게 원자론이란 중세 교회가 바라보는 지동설 같은 것이었다. 현상을 설명하는 데 도움이 되는 편법이기는 하지만, 진실은 아니라는 뜻이다. 하지만 지동설과 마찬가지로 원자론 또한 단순한 편법이 아니었다.

페랭의 실험 덕분에 물질을 쪼개다 보면 결국 원자에 이른다는 것이 거의 확실해졌다. 하지만 원자의 정체까지 밝혀진 것은 아니었다. 이제 다음으로 해결해야 할 문제는 원자란 대체 무엇인지 설명하는 일이다.

04

◇◇◇◇◇◇◇◇◇◇

미시 세계로
들어가다

기본적인
물리 법칙

◇◇◇◇◇◇◇◇◇◇

미시 세계의 법칙

앞에서 살펴본 바와 같이 20세기 초에 인류의 지식은 눈에 보이지 않는 원자의 존재를 밝혀내기에 이르렀다. 기존 물리학에서는 주로 눈에 보이는 것을 탐구해 왔는데, 이때를 기점으로 아주 작아서 눈에 보이지 않는 것까지 연구하기 시작했다.

상식적으로 생각하면 눈에 보이지 않을 정도로 작다 해도, 단지 크기가 작을 뿐이지 그 밖의 성질은 우리 주변의 사물과 다르지 않을 것으로 여기게 마련이다. 하지만 그 상식 또한 잘못됐다. 20세기 물리학은 미시 세계가 단지 크기만 작은 세계가 아니라는 사실을 밝혀냈다.

원자 수준의 미시 세계는 우리가 사는 거시 세계와 완전히 달랐다.

일반적인 상식이 전혀 통하지 않았기에 수많은 연구자가 혼란에 빠졌으며, 잘못된 생각에 사로잡힌 채 연구를 진행했다. 선구적인 연구자도 자신의 이론 연구가 뜻밖의 방향으로 진행되다 보니 스스로 생각해 낸 이론의 의미를 이해하지 못하는 일이 잦았다. 미시 세계의 법칙은 우리가 일상생활을 통해 익힌 사고법으로 이해하기 어려운 내용이었다.

기본적인 물리학 법칙

20세기 전까지만 해도 뉴턴의 운동 법칙은 이 세상 모든 것에 적용할 수 있는 기본적이고 보편적인 법칙이었다. 중력에 관한 현상은 뉴턴의 만유인력으로 모두 설명할 수 있다고 다들 생각했다.

또한 중력 외에도 전기력과 자기력에 관한 지식도 있었다. 전기와 자기 사이에는 밀접한 관계가 있는데, 이 두 가지 힘을 합쳐서 전자기력이라고 한다. 전자기력에 관한 연구는 19세기에 크게 발전했다. 그 결과 맥스웰 방정식이라 불리는 네 가지 방정식이 발견되었고, 이 방정식으로 모든 전자기 현상을 설명할 수 있다고 생각했다.

당시에 알려져 있던 힘의 종류는 중력과 전자기력뿐이었기에, 세상 전체를 설명할 수 있는 기본적인 법칙이 모두 밝혀진 것이나 마찬가지였다. 물론 몇 가지 해명되지 않은 문제가 있기는 했지만, 이는 물리학의 근간에 관한 문제가 아니었으므로 언젠가 뉴턴 역학과 맥스웰 방정

　　　　　　　　　　物리학은 처음인데요

식으로 설명할 수 있을 것으로 여겼다.

　따라서 이제 더는 물리학에서 해명해야 할 기본 법칙이 없다는 결론이 나온다. 기본적인 법칙은 모두 밝혀냈으므로, 이제 남은 일은 이를 응용하여 개별적인 현상을 설명하는 일뿐이다. 19세기 말에는 그러한 낙관론인지 비관론인지 알 수 없는 분위기가 있었다.

　하지만 그런 생각은 금방 무너져 내렸다. 세계는 그렇게 단순하지 않았기 때문이다.

원자와 전자의
관계

◇◇◇◇◇◇◇◇◇◇◇◇◇◇

원자를 어떻게 이해할 것인가

물질은 원자로 이루어져 있다는 사실이 밝혀지고 난 뒤의 다음 과제는 원자의 정체를 알아내는 일이었다. 우리 상식에 비춰 보면 원자란 작은 알갱이 같은 것이다. 원자가 단순히 작은 알갱이라면 과연 원자는 어떤 색이고, 어떤 모양일지 궁금해진다.

하지만 색과 모양을 생각하는 시점에서 이미 상식에 사로잡혀 있는 것이다. 물체에 색과 모양이 있다는 것은 우리의 경험 때문에 생긴 편견일 뿐이다. 우리가 그동안 살면서 색과 모양을 지닌 물체만 봐 왔다는 사실을 잘 반영하고 있다.

색과 모양이란 우리가 물체를 봄으로써 느끼는 것이다. 정확히 말하면 물체에서 반사된 빛을 본 결과다. 하지만 앞에서도 언급했듯이 원자에서 반사된 가시광선을 통해 원자의 모습을 볼 수는 없다. 원자같이 작은 존재를 색과 모양이라는 일상적인 감각으로 이해하려는 것 자체가 이미 잘못된 생각이다.

다만 원자의 정체를 이해하려면 뭔가 그럴듯한 모형이 있어야 한다. 색과 모양은 포기한다고 쳐도, 원자를 이해하는 일 자체를 포기해서는 앞으로 나아갈 수 없다. 우선 원자를 이해하기 위한 모형부터 생각해 보자.

전자의 발견

원자는 원래 더는 쪼갤 수 없는 것이라는 뜻이었다. 하지만 원자의 존재가 밝혀진 20세기 초반에는 원자도 쪼갤 수 있다는 단서가 나오기 시작했다.

원자 내부에 존재하는 작은 입자가 있다. 바로 전자다. 전자를 발견한 사람은 조지프 존 톰슨(이하 J. J. 톰슨)이라는 물리학자였다. 크룩스관이라는 실험 장치가 있는데, 내부가 거의 진공인 투명한 유리관 안에서 전극에 전압을 걸면 아무것도 없는 공간 속에서 음전하가 흐른다는 사실이 당시에 알려져 있었다. 톰슨은 그 현상의 정체가 음전하를 띤 입자의 흐름이라는 사실을 밝혀냈다.

그 음전하를 띤 입자는 원자보다 훨씬 가벼운데, 이것이 바로 '전자'다. 음전하를 띤 입자는 물질에서 나온다. 물질은 모두 원자로 이루어져 있으므로, 틀림없이 그 입자는 원자 속에 원래 포함되어 있던 것이다.

2가지 원자 모형

켈빈 경과 J. J. 톰슨은 원자 속에 양전하를 띤 부분이 있고, 그 안에 음전하를 띤 전자가 들어있다고 생각했다. 원자는 단순히 쪼갤 수 없는 입자가 아니며, 아직 해명되지 않은 내부 구조가 있다는 뜻이다.

켈빈 경과 톰슨이 제안한 원자의 구조는 수박이나 건포도 빵과 비슷하다. 양전하가 원자 전체에 가득 차 있고 그 안에 전자라는 입자가 들어있는 형태다. 수박의 빨간 열매살 부분이나 건포도 빵의 빵 부분이 원자의 양전하를 띤 부분에 해당하며, 그 안에 있는 수박씨나 건포도가 전자에 해당한다.

한편으로 장 페랭과 일본 물리학자 나가오카 한타로는 양전하가 원자 전체에 퍼져 있는 것이 아니라 중심에 있는 핵에 집중되어 있으며, 수많은 전자가 그 주위를 돌고 있다는 원자 모형을 생각해 냈다. 나가오카의 모형은 토성의 고리에서 영감을 얻은 것으로, 토성형 원자 모형이라고 불린다.

두 가지 모형 모두 문제가 있었다

이들 원자 모형은 둘 다 확고한 근거가 없었고, 이론적인 상상의 범주를 넘지 못했다. 이론적인 상상이란, 뉴턴 역학에 따라 그러한 구조로 안정된 원자가 존재할 수 있는지 이론적으로 따져 봤다는 뜻이다.

J. J. 톰슨과 켈빈 경의 모형은 나가오카와 페랭의 모형보다 안정적이다. 양전하와 음전하가 강하게 서로를 끌어당기고 있기 때문이다. 나가오카의 모형처럼 양전하를 띤 핵과 음전하를 띤 전자가 서로 떨어진 채로 안정된 상태를 유지하기는 어렵다. 하지만 톰슨의 모형처럼 양전하로 가득한 원자 속을 음전하를 띤 전자가 돌아다니고 있다면 쉽게 안정된 상태를 유지할 수 있다.

그런데 전자가 원자 속에서 움직이면 전자기학 법칙에 따라 전자기파가 생겨야 한다. 원자에서 전자기파가 나오기는 하지만, 그 성질을 살펴본 결과 전자가 운동함으로써 방출되는 것으로 보기 어려웠다.

특히 나가오카의 모형이 사실이라면 전자는 전자기파를 방출하면서 운동 에너지를 잃다가 결국 양전하를 띤 핵과 결합해버리고 말 것이다. 그래서 이 점에 관해서는 그나마 톰슨의 모형에 희망이 있다고 말하는 사람도 있었다. 하지만 역시 어느 쪽 모형에서도 만족할 만한 해결책을 내놓지 못했다.

결국 이론적인 고찰만으로는 올바른 결론을 끌어내지 못했으며, 무엇이 옳은지 확인하기 위해 실험을 해야 했다. 그 결과는 참으로 놀라웠다.

러더퍼드의
모형

◇◇◇◇◇◇◇◇◇◇◇

원자의 구조를 해명하기 위한 실험

———

뉴질랜드 출신의 영국 실험 물리학자 어니스트 러더퍼드는 톰슨의 원자 모형이 옳다고 가정한 다음 원자 속에 있는 양전하의 분포를 알아내려 했다. 러더퍼드 아래에서 일하던 가이거라는 연구자는 러더퍼드의 지시에 따라 금박에 양전하를 띤 '알파 입자' 빔을 쏘는 실험을 했다.

알파 입자란 러더퍼드가 1899년에 발견한 것으로, 그 정체는 헬륨의 원자핵이었다. 또한 실제로 실험을 수행한 가이거는 방사선을 측정하는 장치인 가이거 계수기의 발명자로 유명하다.

양전하끼리는 서로 밀어내므로, 알파 입자가 금 원자에 들어가면 원자 전체에 퍼져 있는 양전하 때문에 진로가 꺾일 것으로 예상했다. 그 진로가 얼마나 꺾이는지 측정함으로써 금 원자 안에 양전하가 어떤 식으로 분포하는지 알아내려 한 것이다.

놀라운 결과

처음에 가이거는 진로가 아주 약간 꺾일 것으로 예상하며 실험 장치를 만들었다. 그리고 예상대로 알파 입자가 금박을 통과할 때 진로가 조금 꺾이는 것을 확인했다.

그 후 가이거는 당시 대학생이었던 마스덴을 지도하며 알파 입자가 더 심하게 꺾이지는 않는지 조사했다. 만약 톰슨의 원자 모형이 옳다면 알파 입자가 크게 꺾일 일은 없어야 한다.

그런데 놀랍게도 알파 입자 중 일부는 금박 때문에 진로가 심하게 꺾여 있었다. 심지어 거의 반대 방향으로 튕겨 나간 알파 입자도 있었다.

러더퍼드에게 이 실험 결과는 경악할 만한 일이었다. 톰슨의 원자 모형으로 설명할 수 없는 현상이기 때문이다. 만약 원자 자체의 크기보다 더 작은 범위에 양전하가 집중되어 있다고 생각하면 알파 입자가 반대 방향으로 튕겨 나가는 현상을 설명할 수 있다. 나가오카의 원자 모형처럼 원자 중심에 양전하를 띤 작은 원자핵이 있는 것이 아닐까. 알파 입자와 금의 원자핵은 둘 다 매우 작아서 정면충돌할 확률이 낮다. 하지만 만약 정면충돌에 가까운 형태로 접근하면 서로 반발해 진로가 심하게 꺾일 것이다.

러더퍼드의 원자 모형

러더퍼드는 이 실험 결과를 설명하기 위해 알파 입자와 원자핵을 매우 작은 점으로 간주한 다음, 알파 입자의 진로가 어느 정도의 빈도로 얼마만큼이나 꺾일지 계산하는 수식을 유도했다. 이 수식이 올바른지는 실험으로 확인할 수 있었다.

가이거와 마스덴은 수식이 옳은지 확인하기 위해 더욱 정밀한 실험을 진행했다. 그 결과 러더퍼드의 수식은 딱 들어맞았다. 그리하여 원자는 양전하를 띤 작은 원자핵과 그 주위에 있는 전자로 구성되어 있다는 사실이 밝혀졌다.

러더퍼드의 원자 모형은 나가오카의 모형과 비슷하지만 똑같지는 않았다. 나가오카의 모형은 전자가 어떤 식으로 원자핵 주변에 존재하는지 설명한다. 하지만 러더퍼드의 모형은 전자에 초점을 두지 않았다. 전자가 어디에 어떤 식으로 존재하든 가이거와 마스덴의 실험을 설명하는 일과는 아무런 상관이 없기 때문이다.

어쨌든 양전하를 띤 원자핵이 원자 자체보다 훨씬 작은 영역을 차지한다는 사실이 러더퍼드의 모형에서 가장 중요한 부분이다.

전자는 대체 무엇을 하고 있을까

———

　나가오카의 모형이든 러더퍼드의 모형이든 전자는 원자핵 주변에서 어떤 형태로든 움직이고 있어야 한다. 하지만 앞서 설명한 바와 같이 전자가 원자 속을 돌아다니면 문제가 생긴다. 전자가 움직이면 전자기파를 방출할 것이고, 그 결과 전자는 운동 에너지를 잃고 원자핵과 결합해버릴 것이기 때문이다.

　게다가 수소를 제외한 모든 원자는 전자를 2개 이상 지닌다. 전자는 모두 음전하를 띠므로 서로 반발한다. 그 반발력 때문에 전자는 원자에서 튕겨 나가거나 원자핵으로 떨어지고 말 것이다.

　러더퍼드의 모형은 가이거와 마스덴의 실험 결과에 바탕을 둔 것이기에, 양전하를 띤 원자핵이라는 존재를 부정할 수 없었다. 하지만 음전하를 띤 전자가 원자핵 주변에서 움직이고 있다는 것은 실험으로 직접 확인한 사실이 아니었다. 단지 원자 속에 전자가 존재하려면 그럴 수밖에 없지 않겠냐는 생각일 뿐이었다.

　따라서 다음으로 해명해야 할 문제는 전자가 원자 속에서 무엇을 하고 있느냐다. 전자는 무언가 미지의 방법으로 원자핵 주변에서 안정된 상태로 존재하고 있을 것이다. 그 미지의 방법이 무엇인지 밝혀내야 비로소 원자를 이해했다고 할 수 있다.

　실은 그 미지의 방법이라는 것이 엄청난 내용이었다. 이는 19세기까지 발전해 온 물리학의 근간을 뒤흔드는 발견이었고, 상식적인 사고방식을 완전히 깨부순 사건이었다.

플랑크의
대발견

◇◇◇◇◇◇◇◇

수수해 보이던 연구 분야

원자처럼 매우 작은 존재의 거동은 직접 관찰할 수 없다. 어디까지나 눈에 보이는 현상을 통해 추측할 수밖에 없다. 미시 세계와 거시 세계는 연속되어 있으므로 거시 세계의 법칙을 미시 세계에도 적용할 수 있을 것처럼 보이지만, 그동안 살펴본 원자 이론의 역사를 생각해 보면 꼭 그렇다고 단정하지 못할 것이다.

원자의 세계에서 기묘한 일이 일어나고 있다는 사실은 뜻밖에도 수수해 보이던 한 연구 분야에서 밝혀졌다. 19세기 말에 막스 플랑크라는 물리학자는 열역학이라는 분야를 연구했다. 열역학이란 증기기관이 발명된 시기에 발전한 학문 분야다. 아직 열의 정체가 밝혀지지 않았던 시대에 열에 관한 현상을 경험적으로 나타내기 위해 발전한 분야인데, 플랑크가 연구를 시작했을 무렵에는 물리학의 최첨단 분야라기보다는 비교적 수수하고 무난한 연구 분야였다.

플랑크가 해명하려 한 열역학 문제는 물체가 전자기파를 방출하는 복사 현상이었다. 물체는 온도에 따라 전자기파를 방출하는 성질이 있다. 이 전자기파는 물체를 구성하는 원자가 방출하는 것인데, 원자의 존재도 불확실했던 당시에는 그 원인을 알 수 없었다.

시행착오 끝에 찾아낸 수식

당시에는 뉴턴 역학과 맥스웰 방정식을 바탕으로 모든 자연 현상을 설명할 수 있다고 여겼다. 물체의 복사 현상에 관해서도 그러한 시도가 이루어졌지만, 끝내 성공하지 못했다.

그래서 플랑크는 먼저 물질이 전자기파를 방출하는 성질을 정확하게 나타내는 수식을 찾아내려고 했다. 물질은 다양한 파장의 전자기파를 방출한다. 플랑크 이전에도 파장이 짧은 전자기파, 혹은 파장이 긴 전자기파에 관한 수식은 발견되어 있었다. 그렇지만 모든 파장에 걸쳐서 정확한 실험 결과를 내는 수식은 아직 찾아내지 못한 상황이었다.

플랑크는 그러한 수식을 찾아내는 데 성공했다. 하지만 처음에는 수식이 옳은 이유를 알지 못했다. 단순히 실험 결과에 잘 맞는 수식을 시행착오 끝에 찾아냈을 뿐이었기 때문이다.

진동 에너지에는 최소 단위가 있다

———

그래서 플랑크는 이 수식을 이론적으로 유도하는 방법을 고민하기 시작했다. 그 결과 놀라운 이론에 도달했다. 바로 물질 복사의 원인인 진동 에너지에 최소 단위가 있다는 이론이었다.

뉴턴 역학에서는 에너지를 1개, 2개로 셀 수 없는 연속적인 값으로 본다. 하지만 플랑크의 이론에 따르면 미시 세계에서는 그렇지 않다. 물질에 의한 복사가 작은 입자(오늘날 말하는 원자)의 진동 때문에 발생한다고 했을 때, 그 진동을 통해 방출되는 에너지에는 진동수에 따른 최소 단위가 있다는 것이었다.

이유는 분명하지 않지만, 어쨌든 진동을 통해 방출되는 에너지에 최소 단위가 있다고 가정하면 플랑크의 수식이 유도된다는 사실이 밝혀졌다. 그리고 플랑크의 수식은 모든 파장 영역에 걸친 실험 결과에 들어맞았다.

그러한 에너지의 최소 단위를 '양자'라고 부른다. 뉴턴 역학에 따르면 진동의 에너지는 연속적이므로, 진동을 통해 방출되는 에너지는 어떤 값이든 지닐 수 있어야 한다. 하지만 실제 진동 에너지에는 최소 단위가 있다. 다시 말해 진동 에너지는 반드시 그 최소 단위의 정수배가 되어야 한다.

연속적인 줄 알았던 에너지가 '양자화quantization'하여 1개, 2개로 셀 수 있는 것이 되었다. 진동수별로 최소 단위가 다르기는 하지만, 그 차이가 몹시 작으므로 그동안 마치 연속적인 것처럼 보였던 것이다.

그렇지만 원자 수준의 미시 세계에서는 양자의 효과가 현저하게 드러난다.

아인슈타인의
광양자 가설

◇◇◇◇◇◇◇◇◇◇◇◇

아인슈타인의 생각

———

플랑크의 발견은 미시 세계에서 뭔가 기묘한 일이 일어나고 있음을 시사했다. 하지만 그 의미가 무엇인지는 한동안 밝혀지지 않았다. 플랑크의 수식은 실험 결과를 잘 나타내는 유용한 공식이었지만, 수많은 물리학자가 '진동 에너지에 최소 단위가 있다'는 엉뚱한 가정을 잘 이해하지 못했다. 플랑크 자신도 이를 임시로 도입한 기술적인 가정일 뿐이라 여겼으며, 그곳에 물리학의 근본에 관한 중대한 의미가 담겨 있을 것이라고는 꿈에도 생각하지 못했다.

플랑크의 이론을 발전시킨 사람은 바로 천재 물리학자로 유명한 알베르트 아인슈타인이었다. 플랑크는 물질을 구성하는 입자가 진동하면서 방출하는 에너지에 최솟값이 있다고 가정했는데, 아인슈타인은 조금 다르게 생각했다. 아인슈타인은 방출되는 전자기파 그 자체의 에너지에 최솟값이 있다고 보았다.

아인슈타인은 전자기파 자체가 양자화되어 있다고 생각했으며, 이를 광양자라고 불렀다. 그리고 이 광양자 이론에 따라 물체에서 방출되는 전자기파를 계산해도 플랑크의 수식이 유도됨을 보였다.

제5장에서 설명할 맥스웰의 이론에 따르면 빛을 비롯한 전자기파는 파동이다. 그렇다면 다른 온갖 파동과 마찬가지로 전자기파의 에너지도 연속적인 값을 지녀야만 할 것처럼 보인다. 하지만 어찌 된 일인지 실제로는 파장에 따라 에너지의 최소 단위가 존재한다. 만약 아인슈타인의 이론이 옳다면 빛과 같은 전자기파의 에너지는 1개, 2개로 셀 수 있는 입자 같은 성질을 지닌다는 말이 된다.

광전효과란

만약 아인슈타인이 광양자 가설로 플랑크의 수식을 유도하기만 하고 끝냈다면, 그저 엉뚱하고 근거 없는 이론을 하나 제시했을 뿐이다. 하지만 아인슈타인은 이 가설을 다른 현상을 설명하는 데에도 응용해 성공을 거두었다. 바로 광전효과라 불리는 금속에 빛을 비추었을 때 전자가 튀어나오는 현상이다.

빛을 파동으로 본다면 이 현상은 파동의 에너지가 전자를 금속에서

떼어냈다고 설명할 수 있다. 따라서 빛의 세기가 셀수록 튀어나오는 전자의 에너지도 커질 것이다. 하지만 실제로는 아무리 센 빛을 비춰도 튀어나오는 전자의 개수가 늘어날 뿐이었다. 한편으로 빛의 파장이 짧을수록 튀어나오는 전자의 에너지가 커졌다.

광전효과의 이러한 현상은, '빛의 에너지는 연속적이지 않으며 광양자로 되어 있다'는 아인슈타인의 가설로 설명할 수 있다. 아인슈타인이 광양자라고 부른 것은 오늘날 '광자'라고 불린다. 광자는 빛의 파장별로 에너지의 최소 단위를 지니며, 빛이 금속에 부딪치면 광자 하나만큼의 에너지로 인해 전자 하나가 튀어나온다.

파장이 짧아질수록 광자의 에너지가 커지므로 튀어나오는 전자의 에너지도 커진다. 한편으로 파장은 똑같은데 빛의 세기만 강하게 하면, 광자의 수가 늘어나서 튀어나오는 전자 수가 늘어나기는 하지만 전자 하나하나의 에너지는 커지지 않는다. 이러한 성질은 실제 광전효과와 정확히 일치한다.

물리학은 처음인데요

원자 속의
양자

러더퍼드 모형에 양자 가설을 적용하다

플랑크와 아인슈타인은 각각 1900년과 1905년에 양자 가설을 제안했다. 러더퍼드는 그보다 조금 후인 1911년에 원자 모형을 제안했다.

러더퍼드의 원자 모형은 실험 결과를 설명할 수 있는 원자의 구조를 나타낸 것으로, 왜 그런 구조를 지니는지 이론적인 근거를 대지는 못했다. 특히 고전적인 뉴턴 역학과 맥스웰 전자기학으로 설명하려 하면 모순이 생기는 문제가 있었다.

하지만 양자 가설을 보면 알 수 있듯이, 미시 세계에서는 고전물리학으로 설명할 수 없는 기묘한 현상이 일어나곤 한다. 양자 가설을 이용하여 러더퍼드의 원자 모형을 이론적으로 설명할 수는 없을까? 이렇게 생각한 사람이 바로 덴마크의 물리학자인 닐스 보어였다.

원자 스펙트럼

원자가 방출하는 빛의 성질을 생각해 보면 자연스럽게 원자에도 양자 가설을 적용할 수 있겠다는 생각이 들 것이다. 원소의 불꽃 반응이라는 현상이 있는데, 학교에서 이에 관한 실험을 해본 사람도 있을 것이다. 원소로 이루어진 물질을 가열하면 원소에 따라 정해진 색으로 빛난다. 가령 나트륨(소듐)은 노란색, 구리는 청록색으로 빛이 난다.

이 불꽃 반응의 성질은 곧 원자에서 나오는 빛이 특정 색을 지닌다는 뜻이다. 빛은 전자기파이며 그 색은 전자기파의 파장으로 결정된다. 따라서 일반적으로 원자는 어느 특정 파장의 전자기파를 방출한다는 말이 된다. 그 전자기파의 파장이 눈에 보이는 영역에 있다면 인간은 이를 색으로 인식한다. 이처럼 원자는 종류에 따라 특정한 빛을 낸다는 성질을 지닌다.

반대로 원자가 내는 것과 똑같은 파장의 빛을 쏴주면, 원자는 그 빛을 일정한 비율로 흡수한다. 즉 원자는 종류에 따라 특정 파장의 전자기파를 흡수하고 방출하는 성질을 지닌다는 뜻이다.

한 원자가 흡수하고 방출하는 전자기파의 파장은 한 종류만이 아니라 여러 종류가 있다. 다만 모든 파장의 전자기파를 방출하고 흡수할 수 있는 것은 아니라는 부분이 중요하다.

이 현상을 양자 가설을 통해 살펴보면 어떻게 될까? 양자 가설에 따르면 빛, 다시 말해 전자기파는 파동의 성질과 입자의 성질을 둘 다 지닌다. 앞에서 빛은 파장 별로 정해져 있는 에너지 덩어리로 이루어져 있으며, 이를 광자라고 부른다고 설명했다. 원자가 특정 파장의 빛을 흡수하고 방출한다는 말은 즉 특정 에너지를 지닌 광자를 흡수하고 방출한다는 뜻이다.

에너지의 총량은 늘거나 줄지 않는다. 따라서 원자가 특정 에너지의 광자만을 방출하고 흡수한다면, 원자가 지니는 에너지의 값은 연속적이지 않고 띄엄띄엄 떨어져 있다고 볼 수 있다. 즉 원자의 에너지도 양자화되어 있다는 말이다.

원자의 에너지란 무엇일까? 원자는 원자핵과 전자로 이루어져 있고, 러더퍼드의 원자 모형에 따르면 원자핵은 원자 자체의 크기에 비해 대단히 작다. 원자핵은 전자보다 훨씬 무겁고 잘 움직이지 않는다. 한편 가벼운 전자는 원자핵 주변에서 움직이고 있을 것이다. 이런 상황이라면 전자의 운동 에너지가 원자의 에너지를 결정할 것이다.

전자가 원자핵 주변을 돌아다닌다는 말을 들으면 흔히 태양 주변을 공전하는 행성을 떠올리곤 한다. 행성이라면 태양을 중심으로 어떠한 반지름으로든지 공전할 수 있을 것이다.

현재 태양계를 보면 행성 8개가 각각 정해진 반지름으로 궤도상을 공전하고 있다. 만약 행성에 강한 힘을 줘서 위치를 옮기면 기존과 다른 반지름으로 공전할 수도 있다. 실제로 각 행성은 다른 장소에서 생겨난 후에 서서히 현재 위치로 이동해 왔다는 설이 있다.

양자 가설이 원자를 구하다

—

앞에서도 언급했지만, 행성이 태양 주위를 도는 것처럼 전자가 원자핵 주위를 돈다고 생각하면 심각한 문제가 생긴다. 뉴턴 역학과 전자기학 법칙만으로는 원자가 안정된 상태로 존재하는 이유를 설명할 수 없다. 만약 전자가 원자핵 주변을 돌고 있다면 전자기파를 방출하면서 점점 원자핵을 향해 다가갈 것이라는 결론이 나오기 때문이다.

하지만 원자 안에 있는 전자가 지니는 에너지의 값이 양자화되어 있다면, 다시 말해 띄엄띄엄 떨어져 있는 값을 지닌다면 사정이 다르다. 그런 상황이라면 이미 고전적인 뉴턴 역학과 맥스웰 전자기학이 통하지 않으므로, 전자가 전자기파를 방출하면서 원자핵을 향해 다가간다는 생각 자체가 성립하지 않는다. 양자 가설 때처럼 뭔가 기묘한 원인 때문에 전자의 에너지는 띄엄띄엄 떨어진 값을 지닌 상태로만 원자 속에서 존재할 수 있다.

보어는 원자핵 주변에서 운동하는 전자의 에너지에 양자 가설을 적용했다. 만약 전자가 지닌 에너지가 연속적이라면, 전자는 에너지를 연속적으로 잃으면서 원자핵을 향해 다가가다 결국 만날 것이다. 하지만 전자의 운동 에너지가 연속적이라는 전제를 버리면 이 문제를 해결할 수 있다.

보어의
양자조건

◇◇◇◇◇◇◇

원자의 안정성

─────

고전물리학에 따라 원자 모형을 설명하면 전자는 금세 원자핵과 만나고 만다는 결론이 나온다. 전자의 운동 에너지가 줄다가 결국 0이 되어 버리기 때문이다.

하지만 양자 가설에 따르면 원자 안에 있는 전자의 운동 에너지값은 연속적이지 않고 띄엄띄엄 떨어진 값이다. 또 전자의 운동 에너지에는 최솟값이 있을 것이다. 그리고 전자가 원자핵과 만나지 않는다는 말은 그 최솟값이 0이 아닐 것이며, 최소 에너지 상태에서 원자가 안정적으로 존재할 수 있다는 뜻이다.

보어는 이러한 가설에 따라 원자 모형을 고안했다.

에너지 계단

———

원자는 종류에 따라 정해진 파장의 빛을 방출한다. 양자 가설에 따르면 빛의 파장은 광자 하나의 에너지와 대응하므로, 바꿔 말해 원자가 일정한 에너지를 지닌 광자를 방출한다고 할 수 있다. 원자의 에너지가 양자화되어 띄엄띄엄 떨어진 값밖에 지닐 수 없다면, 그 띄엄띄엄 떨어진 차이만큼의 에너지가 바로 방출되는 광자의 에너지일 것이다.

원자가 지닐 수 있는 에너지값은 띄엄띄엄 떨어진 값이므로, 이를 그래프로 그리면 계단 모양이 된다. 원자의 에너지가 한 단계 줄었을 때, 다시 말해 계단을 한 칸 내려갔을 때 그 차이만큼의 에너지가 곧 방출되는 광자의 에너지다.

하나의 원소에서 방출할 수 있는 광자의 에너지는 한 종류만이 아니다. 이는 원자의 에너지 계단이 여러 칸 존재한다는 뜻이다. 이러한 에너지 계단을 결정하는 원리는 무엇일까?

보어의 양자조건

———

보어는 가장 단순한 원자인 수소 원자에 주목해 에너지 계단이 어떤 식으로 정해지는지 알아냈다. 전자가 원자핵 주위를 원운동 한다고 생각했을 때 전자의 질량, 속도, 반지름의 곱(전문 용어로 각운동량이라고 한다)

은 반드시 어떤 작은 수의 배수가 된다는 규칙이다. 이를 '보어의 양자조건'이라고 한다. 이 규칙에 따라 원자가 특정 파장의 빛을 방출하는 현상을 어느 정도 설명할 수 있게 되었다.

보어의 이론은 모든 원소를 다 설명하지는 못했지만, 수소 원자가 방출하는 빛에 관해서는 상당히 잘 들어맞았다. 보어의 원자 모형은 완벽하지는 않다. 그렇지만 기묘한 양자의 원리가 원자에도 적용된다는 사실을 밝혀냈다는 점에서 의미가 있다.

하지만 보어의 양자조건이 무엇을 뜻하는지는 여전히 알 수 없었다. 대체 원자 안에서 어떤 기묘한 일이 벌어지고 있는 것일까?

드 브로이파와 양자조건

보어의 양자조건이 지니는 의미는 훗날 프랑스 이론물리학자 루이 드 브로이가 밝혀냈다. 드 브로이는 전자가 입자의 성질과 파동의 성질을 모두 지닌다는 가설을 제안했다.

이는 아인슈타인이 제안한 광양자 가설의 반대 버전이다. 파동인 줄로만 알았던 빛이 사실은 입자의 성질을 지니고 있었다면, 반대로 입자인 줄 알았던 전자도 파동의 성질을 지니고 있지 않겠냐는 생각이다. 입자가 지니는 파동의 성질을 '드 브로이파(물질파)'라고 한다.

드 브로이파의 파장은 매우 짧다. 그래서 사람에게는 전자가 파동의 성질을 지니는 것으로 보이지 않는다. 하지만 원자 내부처럼 매우 작은 세계에서는 전자가 지니는 파동의 성질이 눈에 띄게 나타난다.

드 브로이파의 개념을 이용하면 보어의 양자조건이 지니는 의미를 설명할 수 있다. 보어의 양자조건은 전자가 원자핵 주위를 돌면서 드 브로이파에 따라 안정하게 진동하는 조건과 똑같다.

그 조건이란 전자 궤도 한 바퀴의 길이가 드 브로이파 파장의 정수배여야 한다는 것이다. 그래야 전자가 궤도를 한 바퀴 돌았을 때 드 브로이파의 진동 상태가 원래대로 돌아오기 때문이다. 만약 이 조건을 갖추지 못하면 진동 패턴이 엉망진창이 되어서 드 브로이파가 사라져 버릴 것이다. 이처럼 보어의 양자조건을 만족했을 때 전자의 드 브로이파는 원자 안에서 안정적으로 존재할 수 있다.

05

기묘한 양자의
세계

하이젠베르크와
행렬역학

양자 세계를 처음부터 끝까지 설명하는 이론

양자 가설과 보어의 원자 모형은 둘 다 근거가 부족했으며, 당면한 문제를 임기응변으로 설명하려 했다. 그저 실험 결과를 설명하기 위해 궁여지책으로 만들어 낸 임시 이론이었을 뿐이다. 이론을 제시한 연구자들 본인도 그 사실을 잘 알고 있었다.

고전물리학으로 설명할 수 없는 양자 세계는 그런 임시방편 같은 이론이 아니라, 시종일관 완성도 있는 이론으로 설명해야 마땅하다. 즉 뉴턴 역학과는 다른 '양자역학'을 수립해야 한다는 뜻이다. 이를 위한 첫발을 내디딘 사람은 독일 이론물리학자 베르너 하이젠베르크였다.

그동안 물리학자들은 원자 속에서 전자가 무엇을 하고 있는지 어떻게든 알아내려 했다. 하지만 양자는 너무나 기묘해서 직관적으로 이해할 수 없는 존재였다. 분명 전자는 입자일 텐데, 원자 속에서는 파동처럼 행세한다. 실제로는 대체 무엇을 하고 있는 것일까?

관측 가능한 값에만 의미가 있다

하이젠베르크는 원자 속에서 전자가 뭘 하고 있는지 알아내려 해 봤자 무의미하다고 생각했다. 전자가 원자 속에서 어떤 궤도로 운동하느냐는 오직 머릿속에서만 생각할 수 있는 문제이며, 실제로 관측해서 확인할 수 없는 일이기 때문이다.

하이젠베르크는 다음과 같이 주장했다. 더는 관측할 수 없는 일에 관해 고민하지 말자. 실험으로 확인할 수 있는 것, 다시 말해 관측 가능한 값에만 의미가 있다. 그리고 관측 가능한 값이 어떤 수치가 될지 이론적으로 예언할 수만 있다면 그것으로 충분하다.

이처럼 하이젠베르크는 전자 궤도 등 관측할 방법이 없는 문제는 이론에서 배제해야 한다고 생각했다. 이는 말로 하기는 쉽지만, 실천에 옮기기는 무척 어려운 일이다. 그런데 하이젠베르크는 실제로 그러한 이론을 구축해 물리학을 크게 발전시켰다.

하이젠베르크의 이론은 직관적인 상상을 완전히 배제했다. 그래서 필연적으로 추상적이고 수학적인 이론이 되었다. 오직 관측할 수 있는 값에 주목해 그 사이에서 성립하는 수학적 관계를 알아내려 했다.

순서를 바꾸면 결과가 달라지는 곱셈

하이젠베르크의 이론이 성립하려면 곱셈의 순서를 바꿨을 때 결과가 달라진다는 기묘한 규칙이 필요했다. 2×3이나 3×2나 둘 다 6이 되는 것처럼, 보통 곱셈을 할 때는 순서를 바꿔도 결과가 똑같다. 하지만 하이젠베르크의 이론에서는 순서를 바꾸면 결과가 달라지는 이상한 곱셈을 사용해야 했다.

당시 물리학자는 대부분 그런 이상한 곱셈에 관해 알지 못했다. 이는 하이젠베르크도 마찬가지였다. 그런 본 적도 들은 적도 없는 이상한 곱셈을 써야만 하는 자신의 이론에 의미가 있는지 심각하게 고민했다고 전해진다. 하이젠베르크는 새 이론에 관한 논문을 완성한 다음 자신의 스승이자 물리학자인 막스 보른에게 의견을 구했다. 얼마 후 보른은 그 이상한 곱셈이 수학자 사이에서 알려져 있던 행렬연산이라는 사실을 깨달았다. 보른도 행렬연산을 학생 시절에 배우기는 했지만, 그 후로 전혀 쓰지 않아서 잊고 있었던 것이다.

행렬이란 말 그대로 숫자를 행과 열로 나열한 것이다. 두 행렬을 곱하면 새로운 행렬이 나온다. 이 행렬끼리의 곱셈은 순서를 바꾸면 결과가 전혀 달라진다는 성질이 있다.

행렬역학의 탄생

보른은 행렬을 이용하면 하이젠베르크의 이론을 수학적으로 정비할 수 있다고 생각했다. 하지만 혼자 하기는 힘겨운 일이었다. 그래서 한때 자신의 제자였고 수학을 잘 아는 연구자인 파스쿠알 요르단과 함께 연구를 진행해 새로운 이론 체계를 만들어 냈다.

이렇게 하이젠베르크의 혁신적인 이론은 보른과 요르단이 행렬이라는 수학적인 도구를 도입함으로써 체계적으로 정비되었다. 그 결과 원자가 지니는 다양한 성질을 설명할 수 있게 되었다. 바로 뉴턴 역학 대신 양자 세계를 설명할 새로운 학문인 '양자역학'이 탄생한 순간이었다. 그 후에 양자역학은 전혀 다른 형태로 발전해 나갔으며, 하이젠베르크가 제창한 이론은 훗날 '행렬역학'이라 불리게 되었다.

상식이 전혀 통하지 않는 세계

이제 행렬역학을 통해 양자 현상에 관한 실험 결과를 설명할 수 있게 되었다. 다만 이 이론에서는 관측할 수 없는 값을 애초부터 배제했다. 따라서 전자 궤도 등 양자 세계에서 벌어지는 일을 직관적으로 상상할 수 없다. 게다가 행렬역학에서 사용하는 행렬은 무한한 행과 열을 지니는 무한 차원 행렬이었다. 이는 수학적으로 다루기 까다롭다.

정리하면 물리학자는 양자 세계를 상상할 수 없는 상태에서 매우 난해한 무한 차원 행렬 계산을 해야만 했다. 기존 물리학에서는 현상에 관한 구체적인 상상을 할 수 있었지만, 행렬역학에서는 그렇지 못했다. 즉, 본질적으로 양자 세계는 우리의 일상적인 상식이 전혀 통하지 않는 이질적인 세계라는 뜻이다.

슈뢰딩거
방정식

슈뢰딩거의 등장

당시 물리학자가 행렬역학을 보고 당황한 것은 당연한 일이었다. 하지만 그런 상황은 오래 가지 않았다. 신기하게도 행렬역학이 발견된지 1년도 지나지 않아서 전혀 다른 형태의 양자역학이 발견되었기 때문이다.

새로운 양자역학은 오스트리아 물리학자 에르빈 슈뢰딩거가 발견했다. 슈뢰딩거는 하이젠베르크와 달리 더 직관적인 방법으로 원자 내부를 이해하려 했는데, 당시에는 그다지 주목받지 못했던 드 브로이파를 이용했다.

앞서 설명한 것처럼 원자 내에 존재하는 전자가 파동의 성질을 지닌다는 것이 드 브로이의 이론이었고, 그 파동이란 전자의 드 브로이파다. 드 브로이파는 보어가 발견한 원자의 양자조건을 직관적으로 설명해 준다. 하지만 드 브로이파가 어떤 법칙에 따라 전달되는 파동인지는 아직 알지 못했다.

슈뢰딩거는 드 브로이파의 법칙을 찾아냈다.

파동의 법칙이란

여기서 파동의 법칙에 관해 설명하고 넘어가겠다. 일상생활 속에서도 다양한 파동이 존재한다. 예를 들어 수면을 따라 퍼져 나가는 물결이 있다. 물웅덩이에 돌을 던지면 파문이 동그란 고리 모양으로 퍼져 나가고, 바다에서는 끊임없이 파도가 친다. 또한 눈에 보이지는 않지만, 소리는 공기 속에서 전파되는 파동이다.

어느 한 장소에 주목하면, 파동이 일어날 때는 그 장소에서 무언가가 진동한다. 그 진동은 공간을 따라 전해지면서 다른 장소에서도 진동을 일으킨다. 이렇게 진동이 공간을 따라 전파되는 것이 파동의 본질이다.

진동이 전달되는 방식은 파동의 종류에 따라 다르다. 파동의 종류별로 파동이 전해지는 모습을 수학적으로 나타내는 방정식이 있는데, 이를 '파동 방정식'이라고 한다. 파동 방정식은 물리학자에게 매우 친숙한 방정식으로, 어떻게 풀면 되는지도 이미 잘 알려져 있었다.

파동역학의 탄생

슈뢰딩거는 처음으로 드 브로이파의 파동 방정식을 찾아냈다. 이를 '슈뢰딩거 방정식'이라고 한다. 슈뢰딩거 방정식을 수소 원자에 적용하면 보어가 발견한 양자조건의 의미가 명확해지는 동시에 더욱 정확하게 실험 결과를 설명할 수 있다는 사실이 밝혀졌다.

즉 슈뢰딩거는 행렬역학과 다른 새로운 양자역학을 발견한 것이다. 슈뢰딩거의 양자역학을 '파동역학'이라고 한다. 신기하게도 겉모습이 전혀 다른 두 가지 양자역학인 행렬역학과 파동역학이 거의 같은 시기에 발견된 셈이다. 게다가 두 이론은 겉모습이 전혀 다른데, 어찌 된 일인지 똑같은 실험 결과를 설명할 수 있었다.

실은 똑같은 이론이었다

슈뢰딩거는 틀림없이 행렬역학과 파동역학 사이에 모종의 관계가 있으리라 추측했다. 그래서 파동역학을 완성한 후에 계속 연구를 진행한 결과, 두 이론이 항상 똑같은 결론을 낸다는 사실을 수학적으로 증명했다. 다시 말해 겉보기에 다른 행렬역학과 파동역학이 수학적으로는 똑같은 이론이었던 것이다.

또한 영국 이론물리학자 폴 디랙도 슈뢰딩거와는 별도로 행렬역학과 파동역학의 등가성을 증명했다. 이에 더해 디랙은 더 일반적인 양자역학의 형식을 생각해 냈고, 그 특별한 사례가 행렬역학과 파동역학임을 보였다.

　행렬역학은 직관적인 이해를 배제한 채 복잡한 계산을 해야 하지만, 파동역학은 시각적인 이해가 가능한 데다 물리학자에게 익숙한 방식으로 계산할 수 있다. 둘 다 똑같은 결론에 이르는 이론이기 때문에, 물리학자들은 자연히 행렬역학을 버리고 파동역학을 이용하게 되었다.

양자역학의
해석

수학적인 형식과 물리적 해석

행렬역학과 파동역학은 수학적으로 똑같지만 근본적인 사고방식이 다르다. 한쪽에서는 원자 속 전자의 거동을 알아내려 하는 일이 무의미하다고 주장하고, 다른 한쪽에서는 원자 속에서 전자의 파동이 존재한다고 말한다. 수학적으로 같아도 근본적인 발상에서 상충한다.

양자역학의 수학적 형식이 발견되었지만, 그 물리적인 의미는 수수께끼로 덮여 있었다. 물리학 이론은 수학적인 형식에 물리적인 해석을 더해야 비로소 의미를 지닌다. 양자역학 전에 있었던 고전물리학에서는 이론에 수반되는 직관적인 상상이 존재했기에 물리적인 해석이 비교적 쉬웠다. 하지만 양자역학은 직관적으로 이해할 수 없는 수수께끼 같은 이론이다.

슈뢰딩거 방정식을 통해 원자 속에서 무슨 일이 일어나는지 상상할 수 있으므로, 하이젠베르크의 형식보다는 훨씬 더 시각적으로 이해할 수 있게 되었다. 하지만 그 파동은 물리적으로 무엇을 의미하는 것일까?

파동함수는 실재하는가

슈뢰딩거 방정식은 원래 드 브로이파를 만족하는 방정식으로 고안된 것이지만, 그 방정식의 해는 더 일반적인 파동을 나타낸다. 파동이란 시간과 공간을 따라 퍼져 나가므로, 슈뢰딩거 방정식의 해는 시간과 공간의 함수가 된다. 슈뢰딩거 방정식의 해를 '파동함수'라고 한다. 당시에 파동함수를 수학적으로 구할 수는 있었지만, 정작 파동함수 자체가 물리적으로 무엇을 뜻하는지는 알지 못했다.

슈뢰딩거는 파동함수가 실재하는 파동을 나타내는 함수라고 해석했다. '실재하다'라는 말은 실제로 존재한다는 뜻으로, 음파나 물결처럼 실제로 현실에 존재하는 파동이라는 의미다. 그저 수학적으로 도입된 가상적인 파동이 아니라, 실제로 존재하는 파동이라는 것이다. 그리고 양자론에서 말하는 파동과 입자의 이중성은 겉으로만 그렇게 보일 뿐이지, 기본적으로는 입자가 아닌 파동이라 생각했다. 그렇게 해석함으로써 수수께끼에 휩싸인 양자론을 다시 고전적이고 전통적인 예전 물리학으로 되돌릴 수 있을 것이라고 슈뢰딩거는 기대했다.

물리학은 처음인데요

이런 슈뢰딩거의 생각은 '관측할 수 없는 것에는 의미가 없다'는 하이젠베르크의 주장과 정면충돌했다. 하이젠베르크는 다른 연구자들이 자신이 만든 행렬역학을 떠나 파동역학으로 흘러가는 것을 안타까워했다고 한다.

다만 하이젠베르크도 파동역학이 유용한 도구라는 사실 자체는 인정할 수밖에 없었으며, 그도 파동역학을 이용한 연구를 진행했다. 그러나 하이젠베르크와 슈뢰딩거 사이에는 물리적인 해석에 관한 메우기 힘든 골이 있었다.

슈뢰딩거의 해석

슈뢰딩거는 파동역학의 파동이 실재한다고 보았으며, 전자 등의 입자를 그 파동으로 완전히 설명할 수 있다고 생각했다. 이 관점에 따르면 전자 등은 사실 입자가 아니며, 오직 겉으로만 입자처럼 보일 뿐이다. 파동의 파장이 너무나 짧아서 마치 파동이 아닌 입자처럼 보인다는 것이었다.

하지만 슈뢰딩거의 해석에는 문제가 많았다. 아무리 파동을 작은 영역에 가두려 해도, 시간이 지나면 자연히 넓게 퍼져 나가 버린다. 이유는 간단하다. 수면에서 파문이 시간에 따라 넓게 퍼져 나갈 수밖에 없는 것과 똑같은 이치다. 벽으로 가로막히지 않은 수면에서는 물결을 좁은 공간에 가두어 둘 수 없다. 이래서는 전자가 언제나 입자처럼 관측되는 이유를 설명할 수 없다. 또한 아인슈타인이 광양자 가설로 설명한 광전효과를 비롯하여 다양한 양자 현상을 슈뢰딩거의 해석으로 는 설명할 수 없었다.

결국 파동함수가 실재함을 보이려 한 슈뢰딩거의 시도는 실패로 끝 났다. 그런 방식으로는 파동과 입자의 성질을 둘 다 지니는 양자의 세계를 설명할 수 없었다. 우리가 보통 생각하는 파동에서는 일반적으로 입자의 성질을 찾아볼 수 없다.

보른의 해석

그러면 파동함수를 어떻게 해석하면 좋을까. 그 해답을 내놓은 사람은 이론물리학자 막스 보른이었다. 앞에서 언급했듯이 보른은 하이젠베르크의 이론을 수학적으로 정비한 사람이다. 참고로 유명한 가수인 올리비아 뉴턴 존은 보른의 외손녀다.

보른이 내놓은 해석은 참으로 놀라운 내용이었다. 파동함수가 나타내는 파동은 물결이나 음파처럼 실재하는 것이 아니라, 전자가 존재할 확률을 가리킨다는 것이다. 파동이 확률을 나타낸다는 말이 무슨 뜻일까?

파동이란 무언가가 커졌다가 작아지기를 반복하는 현상이다. 가령 물결을 살펴보면 수면의 위치가 높아졌다가 낮아지기를 되풀이한다. 물결이 없고 잔잔할 때의 높이를 기준으로 삼으면, 그 기준에서 많이 벗어날수록 파동의 진폭이 커진다.

음파는 공기의 밀도 변화가 전해지는 파동이기 때문에, 소리가 없을 때의 공기 밀도를 기준으로 공기가 짙어졌다가 옅어지기를 반복한다. 그 밀도의 진폭이 커지면 소리의 크기도 커진다.

이러한 일반적인 파동과 마찬가지로, 양자역학의 파동함수가 나타내는 파동도 무언가가 어떤 기준값에서 커졌다가 작아지기를 반복하는 현상이다. 파동함수는 그 진폭을 나타낸다. 사실 물결이나 음파와는 달리 파동함수는 허수를 포함한 복소수값을 가지는 함수다. 하지만 일반적인 파동의 진폭처럼 생각해도 일단 큰 문제는 없다.

보른의 해석은 파동함수를 통해 입자를 발견할 확률을 구할 수 있다는 내용이었다. 파동의 진폭이 큰 장소에서는 입자를 발견할 확률이 높다. 정확히 말하면 파동함수의 절댓값을 제곱한 수치가 입자를 발견할 확률에 해당한다. 이를 양자역학의 '확률 해석'이라고 한다.

그리고 보른의 해석은 정답이었다. 결국 이 해석으로 양자에 관한 현상을 모조리 설명할 수 있다는 사실이 밝혀졌기 때문이다.

확률에
지배당한 세계

확률이란

확률이란 똑같은 상황에서 무언가를 여러 번 시도했을 때, 어떤 결과가 어느 정도의 비율로 나온다는 개념이다. 제대로 만들어진 정육면체 주사위를 여러 번 굴리면 각 눈이 나올 확률은 모두 6분의 1이다. 반대로 모양이 삐뚤어진 불량품 주사위라면 어떤 눈이 나올 확률이 6분의 1보다 높을 수도 있고 낮을 수도 있다.

어떤 위치에 대한 파동함수가 크면 클수록 그곳에서 입자를 발견할 확률이 높아진다는 것이 양자역학의 확률 해석이다. 파동함수는 시간과 공간으로 결정되는 함수이니, 바꿔 말하면 시간과 공간에 따라 입자를 발견할 확률을 구할 수 있다는 뜻이다. 즉, 언제 어디서 입자가 발견되기 쉬운지 알려주는 셈이다.

슈뢰딩거 방정식은 입자를 발견할 확률의 파동이 어떤 식으로 전해지느냐를 나타낸 것이었다. 따라서 슈뢰딩거의 생각과는 달리 파동함수는 실제로 존재하는 파동에 관한 것이 아니었던 셈이다. 파동역학을 창시한 슈뢰딩거 본인이 그 물리적인 의미를 잘못 이해하고 있었다는 것은 참으로 역설적인 일이다. 이런 사례를 통해 양자역학이 얼마나 기묘하고 이해하기 힘든지 알 수 있다.

근원적인 확률

이론의 근본 부분에 확률이 존재한다는 것은 전통적인 물리학에서 상상할 수도 없는 일이었다. 왜냐면 뉴턴 역학 이후의 물리학에서는 한 시점의 물리적인 상황을 완전히 알고 있다면, 그 후에 일어날 일을 완전히 예언할 수 있다고 믿었기 때문이다.

볼츠만의 통계역학에서 확률이 쓰이기는 했지만, 이는 단지 입자 개수가 너무 많아서 물리적인 상황을 완전히 알 수 없기 때문이었다. 물리적인 조건을 완전히 파악할 수 없는 상황이다 보니 그 후에 일어날 일을 확률적으로 예언할 수밖에 없다는 것이며, 이는 이해할 만한 일이다.

하지만 양자역학에서 말하는 확률은 더 근원적인 것이다. 양자역학에서는 설사 물리적인 상황을 완전히 알고 있다 해도 그 후에 무슨 일이 일어날지는 확률적으로밖에 예언할 수 없다.

오직 확률만을 예상할 수 있다

가령 앞에서 설명한 것처럼 원자 속에 있는 전자가 지닐 수 있는 에너지값은 연속적이지 않고 띄엄띄엄 떨어져 있는 값이다. 그 띄엄띄엄 떨어져 있는 에너지값 중 하나를 전자가 지니고 있다고 해보자. 전자의 에너지값은 지금보다 더 작은 다른 값으로 바뀔 수 있는데, 이때 원래 값과 나중 값의 차이만큼의 에너지를 지닌 광자를 방출한다. 그런데 여기서 '더 작은 값'의 후보가 여러 개 있을 수 있다. 다시 말해 전자의 에너지는 다양한 값으로 바뀔 수 있다는 뜻이다.

양자역학에 따르면 최초의 물리적인 상황을 완전히 알고 있다 해도, 다음에 전자의 에너지값이 어떤 값으로 바뀔지는 확률적으로만 예상할 수 있다. 이 에너지값으로 변할 확률은 얼마이며, 저 에너지값으로 변할 확률은 얼마라는 식이다.

따라서 방출되는 광자의 에너지도 확률적으로만 예언할 수 있다. 게다가 광자가 어느 방향으로 방출될지도 확률적으로만 알 수 있다. 에너지 단계가 높은 원자가 하나 있을 때, 그 원자에서 어느 방향으로 얼마만큼의 에너지를 지닌 광자가 방출될지 정확하게 예상할 수 없다는 뜻이다. 오직 가능성과 확률만을 예언할 수 있을 뿐이다.

신은 주사위를 던지지 않는다

———

양자역학 이전의 고전물리학에는 그런 모호한 부분이 없었다. 최초 상황을 완전히 알 수 있다면 그 후의 일을 확실하게 결정할 수 있었기 때문이다. 양자역학이 아직 불완전한 이론이라서 확률적인 예언밖에 할 수 없다고 생각을 하는 물리학자도 적지 않았다. 그 선두에는 양자론의 개척자인 아인슈타인도 있었다.

만약 더 기본적이면서도 완전한 이론을 발견할 수만 있다면 이론의 근본에 확률 같은 것은 나타나지 않을 것이고, 최초 상황을 완벽히 알고 있다면 그 후의 관측 결과를 확실하게 예언할 수 있다는 것이 아인슈타인의 신념이었다. 양자역학이 실험 결과를 잘 설명하는 좋은 이론이라는 점은 인정했지만, 그렇다고 이를 진정으로 기본적인 이론이라고는 인정할 수 없다는 것이었다. 이를 아인슈타인은 "신은 주사위를 던지지 않는다"라는 말로 표현했다.

아인슈타인은 양자론 연구의 불을 댕긴 연구자로 유명하며, 양자론을 창시한 중요한 인물 중 한 사람이다. 게다가 아인슈타인은 원자가 빛을 흡수하고 방출하는 현상이 확률적으로 일어난다는 사실을 밝혀냄으로써 양자의 세계에 확률을 도입한 장본인이었다. 하지만 그 결과로 만들어진 양자역학에는 동의하지 못했다. 아인슈타인은 평생 동안 양자역학의 형식이 불완전하다고 지적했고, 이를 기본 이론으로 볼 수 없다고 주장했다. 새로운 땅을 개척한 선구자도 그 땅에 세운 건물에는 불만이 있었던 모양이다.

인과성이 모호해진다

아인슈타인은 특히 물리학에서 말하는 인과성을 강조했다. 인과성이란 모든 결과에는 원인이 존재한다는 성질이다. 양자역학에서는 파동함수, 다시 말해 확률의 파동이 움직일 때는 인과성이 있지만, 입자를 인간이 관측하면 인과성이 깨지고 만다. 인간이 관찰하면 가능성이 있었던 여러 결과 중 하나가 관측되는데, 다른 결과가 아니라 하필 그 결과가 나온 이유가 없기 때문이다.

가령 원자에서 광자가 방출되어 특정 방향으로 날아갔다고 하자. 양자역학에서는 광자가 날아가는 방향을 확률적으로만 예상할 수 있기 때문에, 왜 하필 그 방향으로 날아갔는지는 알 수 없다.

광자가 방출되기 전에는 다른 방향으로 날아갈 가능성도 존재했다. 그런데 광자를 관찰한 순간에 갑자기 결과가 하나로 확정된 것이다. 하지만 광자가 어느 특정 방향으로 방출될 수밖에 없었던 원인은 존재하지 않는다. 양자역학에서 측정 결과는 확정적이지 않으며, 확률적으로만 예상할 수 있다.

아인슈타인은 물리학이 그런 모호한 이론이 되었다는 사실을 견디지 못했다. 충분한 정보만 있다면 물리학은 모든 것을 완벽하게 예언할 수 있다는 것이 그의 신념이었지만, 그렇다고 양자역학을 대체할 만한 이론을 제시하지도 못했다. 그 후에도 양자역학은 물리학 이론으로서 큰 성공을 거두었으며, 아인슈타인은 양자역학을 기본적인 이론으로 보는 물리학의 주류에서 서서히 벗어나고 말았다.

본질적인
불확정성

―――――

모든 것을 정확히 알 수는 없다

―――

양자역학에 따르면 확률적인 현상은 기본적인 자연계의 성질이다. 그 이유는 하이젠베르크가 발견한 불확정성 원리로 설명할 수 있다. 사물의 성질이란 인간이 관찰하든 관찰하지 않든 항상 결정되어 있다고 보통 생각하는데, 사실은 그렇지 않다는 것이다.

전자로 예를 들어 보자. 전자는 위치와 속도라는 성질을 지니고 있다. 전자의 위치나 전자의 속도는 측정해 보면 알 수 있는 값이다. 이때 직관적으로 생각하면 전자의 위치와 속도는 측정하기 전부터 이미 결정되어 있고, 측정을 통해 우리가 몰랐던 그 값을 알아낸 것으로 여길 것이다.

하지만 전자의 위치를 알아내려면 전자에 무언가를 충돌시켜야 한다. 전자와 부딪쳐서 튕겨져 나온 것을 통해 전자의 위치를 알아내기 때문이다. 가령 전자에 빛을 쏴서 위치를 측정한다고 생각해 보자.

빛은 파동의 성질을 지니며 공간을 따라 퍼져 나가므로, 전자의 위치는 빛의 파장만큼의 정확도로밖에 측정할 수 없다. 따라서 전자의 위치를 되도록 정확하게 알고 싶다면 파장이 짧은 빛을 써야 한다.

그런데 양자론에서 말하는 입자와 파동의 이중성에 따르면 빛은 광자가 여러 개 모인 것으로도 볼 수 있다. 광자가 지니는 에너지는 파장이 짧을수록 커진다. 따라서 파장이 짧은 빛을 전자를 향해 쏜다는 말은 곧 거대한 에너지를 지닌 광자가 전자와 충돌한다는 뜻이다. 그러면 전자는 엄청난 에너지를 받으며 튕겨 나가기 때문에 속도가 변하고 만다.

반대로 전자의 속도를 되도록 바꾸지 않기 위해 파장이 긴 빛을 사용하면, 이번에는 전자의 정확한 위치를 알 수 없게 된다. 이처럼 전자의 위치와 속도를 동시에 알아내는 것은 불가능하다.

불확정성은 본질적인 것

이러한 설명만 들으면 전자는 원래 명확한 위치와 속도를 지니고 있지만, 단지 인간의 관찰 방법에 한계가 있어서 측정하지 못하는 것이 아니냐는 의문이 들 것이다. 하지만 양자역학에서 나타나는 불확정성은 그보다 더 본질적인 것이다. 애초부터 전자는 명확한 위치와 속도를 지니지 않는다. 즉, 인간이 전자를 측정하기 전까지는 그러한 물리적인 성질 자체가 없다는 뜻이다.

상식적으로 생각하면 인간이 측정하든 말든 위치와 속도라는 성질 자체는 존재할 것 같다. 하지만 양자역학에서는 그렇지 않다. 그러한 물리적인 수치는 인간이 측정하지 않는 한 확정된 값이 아니라 확률적인 가능성의 집합으로만 존재한다.

그리고 인간이 측정하고 나서야 확실하게 그 값이 정해진다. 게다가 위치와 속도를 동시에 측정할 수는 없다. 위치를 확실하게 측정하면 속도를 명확하게 알 수 없게 된다. 반대로 속도를 확실하게 측정하면 이번에는 위치를 명확하게 알 수 없게 된다. 일반적으로 위치와 속도는 둘 다 대강의 값만 구할 수 있다.

관측 결과 나온 값은 원래 전자가 지니고 있던 값이 아니다. 전자는 오직 파동함수라는 추상적인 확률의 파동만을 지니고 있으며, 그 확률의 파동을 통해서는 정확한 위치와 속도를 알 수 없다. 그저 이러이러한 확률로 어떤 위치에 있을 것이며 어떤 속도일 것이라는 막연한 정보만을 알 수 있을 뿐이다.

코펜하겐 해석

보어를 중심으로 한 양자역학 추진자들은 양자역학에 확률이 등장하는 것이 자연계의 필연이라고 생각했다. 양자역학은 자연계를 충실하게 반영하고 있고, 그 자체로 완전한 이론이라는 것이다.

양자역학이 완전한 이론체계이며 그 이상의 물리적 해석이 불필요하다는 생각을 코펜하겐 해석이라고 한다. 덴마크의 수도 코펜하겐에는 보어가 창설한 이론물리학 연구소가 있는데, 유럽 전역에서 우수한 연구자가 모여 양자물리학을 연구했다. 그곳에서 이루어진 양자역학에 관한 해석이 코펜하겐 해석이며, 사실상 수많은 연구자가 이를 표준적인 해석으로 여기고 있다.

코펜하겐 해석에는 일부 의미가 모호한 부분이 있다. 한마디로 말하면 세계는 인간의 관측과 동떨어진 채 객관적으로 존재하지 않는다는 내용이다. 양자 세계에서는 상식이 통하지 않으며, 인간의 경험을 초월한 세상이 펼쳐져 있다. 그 사실을 겸허히 받아들일 필요가 있다.

신비로운 관측의
순간

파동함수의 붕괴

코펜하겐 해석에서 특히 모호한 점은 인간이 관측했을 때 무엇이 일어나고 있느냐는 부분이다. 예를 들어 전자의 위치를 측정한다고 해보자. 그동안 확률적으로만 알 수 있었던 전자의 위치는 측정한 순간에 특정한 장소로 정해지고 만다.

측정하기 전에는 위치에 관한 확률이 공간상에 퍼져 있었는데, 측정한 순간 어느 한 곳에 대한 확률이 1이 되고 나머지 다른 곳의 확률은 0이 된다. 전자의 위치는 확률을 나타내는 파동인 파동함수로 구할 수 있는데, 그 파동이 측정한 순간에 한 점으로 집중되고 만다. 이를 '파동함수의 붕괴'라고 한다. 아직 측정을 하지 않은 상태라면 확률의 파동이 변화하는 양상을 슈뢰딩거 방정식을 통해 알 수 있다. 하지만 측정한 순간에 갑자기 파동이 변화하는 양상은 슈뢰딩거 방정식으로 나타낼 수 없다. 측정한 순간에만 무언가 특별한 일이 일어나고 있다는 것이다. 그리고 양자역학 내에서는 그 특별한 일이 일어나는 이유를 찾을 수 없다.

신비한 작용

즉 표준적인 코펜하겐 해석에 따르면 측정한 순간에 뭔가 신비한 힘이 작용한다는 말이 된다. 그것이 대체 뭐냐는 문제는 일단 제쳐두자. 양자역학을 물리학에 응용할 때는 그 문제를 굳이 고민하지 않아도 된다. 따라서 당장에는 제쳐둬도 곤란한 점은 없다.

물론 이것이 양자역학의 목에 걸린 가시라는 점은 부정할 수 없는 사실이다. 코펜하겐 해석으로 만족하지 못한 연구자들은 파동함수의 붕괴가 왜 일어나는지 알아내기 위해 엄청난 노력을 기울였다. 그럼에도 불구하고 오늘날에 이르기까지 만족할 만한 답을 찾아내지 못했다. 여전히 진실은 어둠 속에 있다.

양자역학 내에서는 파동함수의 붕괴를 어떤 신비한 작용이라고밖에 설명할 수 없다. 양자역학에서는 인간이 관측할 때 인과적이지 않은 비약이 발생한다. 그런데 이때 한 가지 커다란 문제가 있는데, 바로 관측을 한 정확한 시점이 모호하다는 점이다.

———

애초에 인간이 어떤 식으로 전자의 위치를 측정하는지 살펴보자. 먼저 전자의 위치를 조사하기 위해 파장이 짧은 빛을 쏜다. 그런데 빛 또한 양자적인 존재이므로, 빛이 전자와 부딪친 순간에는 아직 전자의 위치를 관측했다고 볼 수 없다.

전자와 부딪쳐서 튕겨 나간 빛의 방향을 알아내면 전자의 위치를 알 수 있다. 그래서 이번에는 빛을 관찰해야 하는데, 이때 사용한 빛은 매우 미약하다. 따라서 빛을 전류로 변환하고 이를 증폭함으로써 일반적인 전기 신호로 바꿔 주면 컴퓨터 화면상에 표시하거나 디지털 데이터로 저장할 수 있다. 이를 인간이 눈으로 보면 결과를 알 수 있다.

인간의 관찰이란 이러한 연속적인 여러 사건으로 이루어져 있다. 양자역학에서 말하는 관측이란 이 연속된 과정 중 어느 단계를 말하는 것일까. 바꿔 말하면 파동함수의 붕괴가 어느 시점에서 일어났느냐는 문제다. 이는 코펜하겐 해석에 바탕을 둔 표준적인 양자역학의 형식 내에서는 답할 수 없는 문제다. 이를 양자역학의 '측정 문제'라고 한다.

파동함수가 붕괴하는 순간이란

———

전자와 광자는 양자적인 존재이므로 광자가 전자와 부딪혀 튕겨 나간 시점에서는 아직 파동함수가 붕괴했다고 볼 수 없다. 광자를 검출하여 결과를 표시하는 작업은 측정 장치가 수행한다. 측정 장치는 수많은 원자가 모여 이루어져 있다. 원자의 행동은 양자역학으로 기술할 수 있으므로, 아무리 원자 수가 많다고 해도 측정 장치 또한 양자역학을 따를 것이다.

하지만 현실에서는 측정 장치가 결과를 표시한 시점에 이미 파동함수가 붕괴해 양자적인 특징이 사라진 것처럼 보인다. 코펜하겐 해석에서는 그 경계 시점이 분명하지 않다.

일정 개수 이상의 원자가 연관되었을 때 갑자기 파동함수가 붕괴한다고는 보기 어렵다. 원자의 세계에서 측정 장치가 결과를 표시하는 과정 중 어느 시점에서 확률적인 모호함이 없는 측정값이 나타나는지 알 수 있는 분명한 경계선이 없는 것이다.

인간의 의식이 파동함수를 붕괴시킨다?

생각해 볼 수 있는 가능성 중 하나는 경계선이 없으니 측정 장치가 결과를 표시한 시점에도 아직 파동함수가 붕괴하지 않았다는 것이다. 즉 이 시점에는 양자역학적으로 존재할 수 있는 모든 가능성이 공존하고 있다는 말이 된다. 측정 결과를 판단하는 주체는 인간의 의식이다. 측정 결과가 표시된 화면을 눈으로 보면 그 정보는 전기 신호의 형태로 인간의 뇌에 들어온다. 뇌는 그 전기 신호를 받고 어떤 알 수 없는 복잡한 정보처리를 수행한다. 그 결과 뇌와 마찬가지로 그 정체가 명확히 밝혀지지 않은 인간의 의식이 실험 결과를 판단하여, 하나로 확정된 측정 결과를 인식한다.

그래서 수학자 존 폰 노이만과 물리학자 유진 위그너는 인간의 의식이 파동함수를 붕괴시킨다고 생각했다. 인간의 눈도 측정 장치의 일부이며, 그 너머에 있는 신경도 마찬가지다. 최종적으로 인간의 의식, 혹은 자아가 측정값을 판단할 때까지는 파동함수가 붕괴해 한 가지 측정값으로 결정되지 않는다. 그 전까지는 측정 장치의 표시 결과와 인간의 눈에 들어오는 정보는 모두 확률적이며, 여러 결과가 중첩된 상태로 존재한다는 것이다.

이 말이 옳다면 양자역학의 확률적인 세계는 원자 같은 작은 영역뿐만 아니라 세계 전체에 적용될 수 있다는 말이 된다. 미시 세계와 일상세계 사이에 경계가 없다면 당연히 그럴 수밖에 없다.

그리고 우리 눈앞에 확고하게 존재하는 것처럼 보이는 세계가 사실은 확률적인 여러 세계가 중첩된 상태라는 말이 된다. 그 복잡하고 기괴한 상태를 인간이 관찰하면, 무언가 신비한 힘으로 인해 한 가지 확정된 세계만이 선택된다는 것이다.

슈뢰딩거의 고양이와
위그너의 친구

슈뢰딩거의 고양이

슈뢰딩거는 그러한 세계관이 얼마나 기묘한지 설명하기 위해 한 가지 알기 쉬운 예를 들었다. 바로 '슈뢰딩거의 고양이'라 불리는 사고실험이다. 사고실험이란 기술적인 실현 가능성은 일단 제쳐두고 원리적으로 실험 가능한 설정에 따라 머릿속에서 무슨 일이 일어나는지 논리적으로 생각해 보는 일이다. 슈뢰딩거는 양자역학의 확률 해석에 반대하며 한 가지 기묘한 상황을 생각해 냈다.

자연계에는 라듐을 비롯한 여러 방사성 원소가 존재한다. 방사성 원소는 가만히 내버려 두면 방사선을 방출하며 붕괴해 다른 원소로 바뀌고 만다. 이때 언제 원소가 붕괴할지는 양자역학의 확률에 좌우되므로 정확한 시각을 예언할 수 없다.

이제 방사성 원소가 방출하는 방사선을 검출하는 장치를 만든다. 그리고 장치가 방사선을 검출했을 때 독성이 강한 청산 가스를 내뿜도록 한 다음, 이를 고양이 한 마리와 함께 상자 속에 넣어 버린다. 상자 안에서 무슨 일이 일어났는지는 오직 상자를 열어 봐야만 알 수 있다.

이 장치를 설치한 다음 일정 시간이 지났을 때 방사성 원소가 붕괴했을 확률이 50%라고 해보자. 만약 이때까지 원소가 붕괴했다면 청산 가스가 뿜어져 나와서 고양이는 죽었을 것이다. 반대로 붕괴하지 않았다면 고양이는 살아있을 것이다.

노이만과 위그너의 주장에 따르면 인간의 의식이 파동함수를 붕괴시키므로, 상자를 열어서 내부를 관찰할 때까지 고양이의 생사는 결정되지 않는다. 원자 속에 있는 전자의 위치가 정해져 있지 않은 것처럼, 고양이의 생사도 아직 정해지지 않는 상태다. 살아있는 상태와 죽은 상태가 50%씩 겹쳐져 있다는 뜻이다. 그리고 인간이 상자를 열어서 내부를 관찰한 순간에 파동함수가 붕괴해 고양이의 생사가 정해진다.

슈뢰딩거의 논점은 그런 일이 불가능하다는 것이었다. 고양이의 생사가 50%씩 겹쳐져 있다는 상식 밖의 예언을 하는 이론은 근본적으로 잘못되었다고 주장하고 싶었던 셈이다.

위그너의 친구

슈뢰딩거의 고양이를 확장한 '위그너의 친구'라는 사고실험도 있다. 위그너의 친구가 슈뢰딩거의 고양이 실험을 했다고 생각해 보자. 친구는 상자를 연 다음 관찰 결과를 위그너에게 알려준다. 이때 슈뢰딩거의 고양이가 죽었는지 안 죽었는지 결정되는 시점은 친구가 상자를 열었을 때일까, 아니면 위그너가 그 결과를 들었을 때일까.

인간의 의식이 파동함수를 붕괴시킨다면 친구가 상자를 열었을 때 친구의 의식이 결과를 결정했을 것이다. 하지만 위그너가 보기에는 친구 또한 측정 장치의 일부라고 볼 수도 있다. 위그너에게는 결과를 알려주는 친구의 행동도 여러 가능성이 섞인 확률적인 상태일지도 모른다.

확인할 방법이 없는 사고실험

이러한 사고실험은 양자역학의 기묘함을 잘 드러내지만 실용적인 관점에서는 아무런 유용한 결과도 가져다주지 않는다. 실제로 이러한 실험을 하면 고양이가 살아있거나 죽었다는 결과를 얻을 수 있을 뿐이다. 위그너의 친구도 고양이가 죽었는지 살았는지 확인해 그 결과를 전해줄 뿐이며, 위그너도 두 결과 중 하나를 들을 뿐이다. 둘 다 결과를 알기 전에 고양이의 상태가 어땠을지 확인할 방법은 없다. 이를 상식에 맞게 이해하려 해도 혼란스러울 뿐이다.

그러한 사고실험이 기묘하게 느껴지는 가장 큰 이유는 인간이 관찰할 수 없는 일에 관해서도 상태가 분명하게 정해져 있을 것이라는 상식 때문이다. 인간의 일상적인 경험 속에서는 양자역학의 확률적인 중첩 상태를 체험할 기회가 없다. 우리 경험에 따르면 어떤 사건이든 필연적인 원인이 과거에 존재한다. 우리가 결과를 예측하지 못하는 이유는 단지 과거의 원인을 몰랐기 때문이라고 생각하곤 한다.

과거의 사건도 관측의 영향을 받는다

그런데 슈뢰딩거의 고양이에서 말하는 결과, 다시 말해 고양이가 죽었거나 살아있다는 결과에는 필연적인 이유가 없을 뿐만 아니라 결과를 알기 전까지는 어느 한쪽으로 정해져 있지도 않다. 상자를 열어서 결과를 확인하고 나서야 고양이의 생사가 결정된다. 고양이가 언제 죽었는지도 그때가 되어서야 알 수 있다. 즉 상자를 연 순간 과거의 사건에도 영향을 미친다는 뜻이다.

양자역학의 표준적인 코펜하겐 해석은 이만큼이나 기묘하고 상식 밖이다. 인과관계란 과거에서 미래로 향하는 시간의 흐름에 의한 것이지만, 그런 기본적인 일에도 물음표가 달린다. 참으로 비상식적인 일이다.

원인이 있어서 결과가 나온다는 단순하고 알기 쉬운 세계관은 양자역학의 코펜하겐 해석으로 붕괴했다. 이제는 세계가 인간이 보든 말든 상관없이 독립적으로 존재한다는 세계관이 성립하지 않는다.

양자역학은
완전한가

실재론과 아인슈타인

하지만 사실은 양자역학의 코펜하겐 해석이 잘못되었고 세계는 역시 인간과는 무관하게 존재하지 않을까? 그런 주장도 여전히 있는데, 이를 '실재론'이라고 한다. 인간의 관측과 무관하게 세계가 실재한다는 생각이다.

아인슈타인은 대표적인 실재론자였지만, 양자역학을 대체할 만한 구체적인 이론을 제시하지는 못했다.

양자역학을 이용하면 여태까지 나온 수많은 실험 결과를 설명할 수 있다는 사실은 이미 충분히 확인되었다. 따라서 양자역학을 통해 얻은 결과가 잘못되었다는 주장은 불가능하다. 양자역학에서는 실재론을 부정한다. 따라서 실재론이 옳다고 주장하려면 양자역학에 의한 결과를 완전히 재현하는 동시에 이론의 근본 부분에 확률이 나타나지 않는 새로운 이론을 제시해야 한다.

향도파 이론

아인슈타인은 해내지 못했지만, 실제로 그런 이론을 만든 사람이 있었다. 바로 미국 물리학자 데이비드 봄이다. 봄은 드 브로이가 1927년에 고안한 '향도파 이론'을 확장했다. 향도파 이론이란 실재하는 입자가 향도파라는 파동에 의해 운반된다는 이론이다. 즉, 입자는 자체적으로 운동하는 것이 아니라 파동에 이끌려 움직인다는 것이다. 그리고 파동과 입자는 둘 다 관측자와 관계없이 실재한다고 한다.

이 이론에 따르면 모든 것이 실재하며 인과성도 유지된다. 양자역학에 확률이 나타나는 이유는 단순히 향도파 속에 있는 입자의 위치를 모르기 때문이며, 실제로는 입자가 항상 명확한 위치에 존재한다는 것이다. 입자가 마치 파동같이 보이는 이유는 향도파의 성질이 나타나기 때문이다. 향도파 이론은 다른 연구자들의 강경한 반대에 부딪혔고, 드 브로이 자신도 이를 폐기했다.

봄의 이론

1952년에 봄은 드 브로이의 향도파 이론을 확장한 새로운 이론을 발표했다. 드 브로이의 향도파 이론은 소박한 것이었지만, 봄의 이론은 양자역학의 결과를 모두 재현할 수 있게 정교하게 만들어진 것이었다. 그래서 꽤 작위적으로 보이는 부분도 있다. 즉, 양자역학에 비해 부자연스러운 가정이 많이 포함된 이론이 되고 말았다.

봄 자신도 이 이론이 옳다고 말하고 싶었다기보다는, 실재론을 인정하는 동시에 양자역학과 똑같은 결론에 이르는 이론을 만들 수 있다는 사실을 보이고 싶었던 것이다. 이 이론 자체는 부자연스럽고 올바르지 않을지도 모르지만, 이를 통해 양자역학에 새로운 관점을 제공하면 족하다는 생각이었다.

비국소적이라는 부자연스러움

———

봄의 이론은 어색하게나마 실재성을 회복할 수 있음을 증명했지만, '비국소성'이라는 부자연스러움을 지니고 있었다. 비국소성이란 어떤 사건이 일어난 즉시 멀리 떨어진 장소에 영향을 미치는 성질이다. 양자역학을 제외하면 기본적인 물리 법칙에서는 비국소성이라는 성질이 나타나지 않는다.

물론 기본적이지 않은 법칙에서는 비국소성이 나타날 때가 있다. 대표적인 사례가 바로 뉴턴의 만유인력 법칙이다. 이 법칙에 따르면 대단히 멀리 떨어진 천체 사이에서도 즉시 서로 끌어당기는 힘이 작용한다. 하지만 즉시 힘이 작용한다는 성질은 뒤에서 설명할 아인슈타인의 상대성이론으로 부정당했다.

오늘날 만유인력의 법칙은 기본 법칙이 아니다. 중력에 관한 현상은 더 일반적인 '일반상대성이론'을 통해 설명할 수 있다. 만유인력의 법칙은 일반상대성이론에서 근사적으로 나올 수 있는 이차적인 법칙이며, 만유인력의 법칙에서 보이는 비국소성은 겉보기로만 나타나는 근사적인 성질이다. 왜냐하면 일반상대성이론의 기본 법칙은 국소적이기 때문이다.

하지만 봄의 이론에서는 비국소성이 기본 법칙에 포함되어 있다. 이러한 비국소성은 상대성이론과 공존할 수 없다. 실재론을 믿어 의심치 않았던 아인슈타인도 봄의 이론에는 동의하지 못했다.

숨은 변수 이론

봄의 이론은 양자역학에 관한 '숨은 변수 이론'이라 불리는 이론 중 하나다. 숨은 변수 이론이란 양자역학의 형식에 포함되지 않은 숨은 변수가 존재한다고 주장하는 여러 이론을 통틀어 이르는 말이다. 즉, 양자역학에 확률이 등장하는 이유는 그 변수가 무엇인지 모르기 때문이라는 생각이다. 숨은 변수의 값을 찾아내면 결과를 확실하게 예언할 수 있겠지만, 그 값을 알 방법이 없으므로 어쩔 수 없이 확률적인 예언밖에 할 수 없다는 것이다.

숨은 변수 이론이 옳다면 고전적인 실재성을 회복할 수 있다. 따라서 양자역학의 형식에 만족하지 못하고 세계의 실재성을 믿는 사람에게는 축복이나 마찬가지다. 하지만 숨은 변수 이론의 구체적인 사례인

봄의 이론에서는 비국소성이 생겨 버린 점이 아쉽다.

국소적인 숨은 변수 이론과 벨 정리

그렇다면 비국소성을 지니지 않는 숨은 변수 이론, 다시 말해 국소적인 숨은 변수 이론을 만들어 내면 되지 않을까? 하지만 이는 불가능하다. 국소적인 숨은 변수 이론은 어떤 것이든 양자역학과 공존할 수 없다는 사실이 이미 증명되었다. 그 이론과 양자역학이 서로 다른 결과를 예언하는 실험을 고안해 낼 수 있기 때문이다. 그리고 실제로 그런 실험을 수행한 결과 국소적인 숨은 변수 이론은 부정당했다.

국소적인 숨은 변수 이론이 일반적으로 양자역학과 양립할 수 없다는 놀라운 사실은 1964년에 북아일랜드 출신 물리학자 존 스튜어트 벨이 발견했다. 이를 '벨 정리'라고 한다. 양자역학의 해석 문제는 비교적 철학적으로 보여서 실험과 관계없을 것 같은데, 사실은 실험으로 시비를 가릴 수 있다니 놀라운 일이었다. 벨 정리와 이를 확인하기 위한 구체적인 실험 내용을 이해하려면 양자역학의 수학적 형식에 관한 지식이 필요하므로 이에 관해서는 대략적인 내용만을 설명하도록 하겠다.

EPR 역설

벨의 정리는 원래 EPR 역설이라는 문제와 관련되어 있다. EPR은 알베르트 아인슈타인, 보리스 포돌스키, 네이선 로젠의 머리글자다. 이 세 사람은 1935년에 함께 논문을 발표해 양자역학이 불완전한 것을 보이려 했다.

어떤 장소에 있던 입자 하나가 A와 B라는 두 입자로 분열하여 서로 멀리 떨어진 장소로 이동했다고 하자. 이 분열이 일어난 후에는 한쪽 입자의 위치를 알면 다른 한쪽 입자의 위치도 알 수 있고, 한쪽 입자의 속도를 알면 다른 한쪽 입자의 속도도 알 수 있다는 상황을 만들어 낼 수 있다. 분열한 후 시간이 충분히 많이 지나면 두 입자 사이의 거리는 상당히 멀어지므로 서로 영향을 주고받을 수 없을 것이다.

그런데 양자역학에 따르면 한 입자의 위치와 속도를 동시에 결정할 수 없다. 이제 입자 A의 위치를 측정하는 실험을 해보자. 그러면 실험 설정상 입자 B의 위치는 측정하지 않아도 그냥 알 수 있다.

이번에는 입자 B의 속도를 측정해 보자. 불확정성 원리에 따라 한 입자의 위치와 속도를 동시에 결정할 수는 없지만, 현재 알고 있는 입자 B의 위치는 직접 측정해서 얻은 것이 아니므로 입자 B의 속도를 측정해서 구할 수 있다.

그러면 입자 B의 위치와 속도가 둘 다 결정되고 만다. 이런 일은 양자역학에서 있을 수 없다. 즉 모순이다. 이런 일이 일어나지 않으려면 입자 A의 위치를 측정했을 때 멀리 떨어진 입자 B에도 순간적으로 영향을 미쳐서 위치가 결정된 상태가 되어, 속도가 모호해져야 한다.

한 장소에서 입자를 측정하는 일이 멀리 떨어진 곳에 있는 다른 입자의 상태에 즉시 영향을 미친 셈이다. 이는 앞에서 설명한 비국소성

에 해당한다. 그런 일은 불가능하므로 양자역학은 불완전하다는 것이
EPR 논문의 골자였다.

물리학은 처음인데요

비상식적인
양자역학

역설이 아니었다

하지만 양자역학에서 이런 비국소성이 나타나는 일은 피할 수 없는 사실이다. EPR 논문에서는 이를 역설이라고 생각했지만, 만약 비국소성을 인정해 버리면 역설이 아니다. 어쩐 일인지 양자역학에서는 멀리 떨어져 있는 입자끼리 서로 영향을 미칠 수 있다. 이를 '양자 얽힘'이라고 한다.

일반적인 상식에 따르면 멀리 떨어진 장소는 서로 무관하기에 한쪽에서 일어난 일이 즉시 다른 장소에 영향을 미칠 수 없다. 영향을 미치려면 일정한 시간이 필요하다. 하지만 양자역학에서는 그러한 상식이 통하지 않는다. 서로 얽혀 있어서 한쪽에서 일어난 일이 다른 쪽에 바로 영향을 미친다.

이때 멀리 떨어진 두 장소를 서로 독립적이고 관계없는 장소라고 생각해서는 안 된다. 개별적인 두 가지가 아니라 이어져 있는 한 가지라고 생각해야 한다. 따라서 일부를 측정하면 전체에 영향이 미치는 것이다.

물론 이런 양자 얽힘은 항상 일어나는 일이 아니다. 우리가 사는 보통 세계에서 멀리 떨어진 장소는 서로 명백히 무관하다. 한 장소에서 무엇을 측정하든 멀리 떨어진 다른 장소에 즉시 영향을 미치지 않는다. 즉 우리가 보는 세계는 사실상 양자 얽힘 상태가 아니다. 하지만 주의 깊게 실험 환경을 마련하면 원리상 두 입자가 아무리 멀리 떨어져도 양자 얽힘 상태가 될 수 있다.

양자 얽힘은 비국소적이지만, 상대성이론과 모순되지는 않는다. 상대성이론에 따르면 정보가 전달되는 속도는 빛보다 빠를 수 없다. 하지만 양자 얽힘을 이용해도 빛보다 빠르게 정보를 전달하지는 못하므로 모순은 없다. 이처럼 자연은 대단히 정교하게 구성되어 있다.

벨 부등식

그럼 이제 벨 정리에 관해 알아보자. 벨 정리는 국소적인 숨은 변수 이론과 양자역학이 서로 다른 결과를 예언하는 실험을 구성할 수 있다는 것이다. 그 실험이란 양자 얽힘이 실제로 일어나는지를 판정하는 내용이다.

원래 같은 장소에 있었던 두 입자를 서로 멀리 떨어뜨리고 양자 얽힘 상태로 만든다. 그리고 위치와 속도처럼 양자역학상 양립할 수 없는 측정을 두 입자에 대해 따로따로 수행한다. 국소적인 숨은 변수 이론에서는 위와 같은 실험을 여러 번 반복한 결과를 통계 처리한 수치에 관해 항상 성립하는 부등식을 유도해 낼 수 있다. 이를 '벨 부등식'이라고 한다.

한편으로 양자역학을 이용해 계산하면 그 부등식은 성립하지 않는다. 이러한 일이 일어나는 본질적인 이유는 양자역학에서 실현되고 있는 양자 얽힘 상태가 국소적인 숨은 변수 이론에는 포함되지 않기 때문이다.

실험으로 확인하다

실제로 벨 부등식이 성립하는지 알아보는 실험은 여러 차례 이루어졌다. 그중에서도 1982년에 프랑스 물리학자 알랑 아스페와 동료들이 진행한 실험 덕에 벨의 부등식이 성립하지 않는다는 강력한 증거가 나와 큰 진척을 보였다. 즉 양자역학이 옳으며 국소적인 숨은 변수 이론이 옳지 않다는 것이 거의 확실해졌다.

또한, 그 후에도 더 정밀한 실험을 하려는 노력이 이어졌다. 이에 더해 벨 부등식을 확장해 비국소적인 숨은 변수 이론을 부정하는 실험 방법도 고안되었다. 실험 결과는 모두 양자역학이 옳다는 쪽이었다.

아인슈타인의 신념이기도 했던 실재론에 바탕을 둔 숨은 변수 이론은 결국 옳지 않았다.

수많은 세계가
있다는 해석

인간 쪽에 원인이 있다?

실은 양자역학의 형식을 그대로 둔 채 실재론을 회복하는 놀라운 방법이 있다. 대신 큰 대가를 치러야 하는데, 바로 관측에 의해 파동함수가 붕괴할 때마다 세계 전체가 여러 개로 분열한다고 생각하는 방식이다. 이를 양자역학의 '다세계 해석'이라고 한다. 허무맹랑한 소리처럼 들리지만, 이 사고방식을 이용하면 양자역학의 기묘한 거동을 더 쉽게 이해할 수 있다.

다세계 해석의 원형은 1954년에 프린스턴 대학의 대학원생이었던 휴 에버렛 3세가 생각해 낸 양자역학 해석이었다. 일반적인 양자역학에서는 관측한 순간에 갑자기 모호한 상태에서 확정된 상태로 변한다고 설명한다. 이것이 파동함수의 붕괴다.

에버렛은 그런 갑작스러운 변화가 겉보기로만 일어난다고 생각했다. 인간 쪽에 원인이 있어서 그렇게 보인다는 것이다.

즉, 자연계에서는 파동함수의 붕괴 같은 비약적인 변화가 일어나지 않는다. 관측을 하고 나면 인간은 측정 결과가 하나로 결정된 세계밖에 인식할 수 없게 된다는 것이다.

관측 결과의 가짓수만큼 세계가 존재한다

가령 양자역학에서는 입자의 위치가 모호하다. 하지만 입자의 위치를 측정하고 나면 마치 모호했던 위치가 한 곳으로 정해진 것처럼 보인다. 이는 입자가 그 위치에 있다는 부분적인 세계만을 인간이 인식하기 때문이라는 해석이다. 입자가 그 특정 위치에서 발견될 이유는 없으며 다른 장소에서 발견되지 않을 이유도 없다. 따라서 다른 장소에 입자가 존재하는 부분적인 세계도 있으며, 그 부분적인 세계를 인식하고 있는 것은 다른 인간이라는 말이 된다. 이 해석에 따르면 세계 전체가 항상 슈뢰딩거 방정식을 따르고 있으며, 파동함수의 붕괴라는 비약적인 현상은 일어나지 않는다. 관측을 하면 인간이 인식할 수 있는 세계가 좁아지는 바람에 겉으로는 비약적으로 세계가 변화한 것처럼 보인다.

에버렛의 해석은 인간이 관측을 하면 존재할 가능성이 있는 관측 결과의 가짓수만큼 서로 다른 결과를 보는 관측자가 나타난다는 뜻이다.

이는 인간이 관찰할 때마다 세계가 분열한다고도 볼 수 있다. 세계가 많이 존재한다는 뜻에서 '다세계 해석'이라 불린다.

서로 무관한 부분

세계가 분열한다니 이상한 농담처럼 들릴 수도 있겠다. 하지만 세계가 분열한다는 말은 어디까지나 겉보기로만 그렇다는 것이다. 에버렛의 해석에서도 넓게 보면 원래 세계는 어디까지나 하나다.

슈뢰딩거 방정식에 따른 파동함수는 하나의 세계에 존재하지만, 그 파동함수가 서로 무관한 성분으로 나누어지고 만다. 그래서 관측할 때마다 인간은 점점 세계의 일부분만을 인식할 수 있게 된다. 즉, 겉으로는 세계가 여러 개로 분열한 것처럼 보인다. 하지만 그 여러 부분은 같은 시간과 공간상에 있어도 괜찮다.

가령 고음과 저음이 동시에 울려도 우리는 이를 둘 다 구분해서 들을 수 있는 것과 같은 이치다. 고음과 저음은 서로의 존재에 영향을 주지 않으며 각각 공기 속에서 퍼져 나가기에, 각 소리의 세기를 구별해 낼 수 있다.

파동함수도 서로 무관한 부분으로 나누어져 있다면 각 부분은 그 자체만으로 하나의 세계인 것처럼 보인다.

에버렛이 이 해석을 제시했을 때 세계가 분열한다고 분명하게 말하지는 않았다. 하지만 이 해석을 지지하고 발전시킨 미국 물리학자 브라이스 디윗이 '다세계 해석'이라는 이름을 붙인 탓에 세계가 분열한다는 이론으로 알려지고 말았다.

그러나 슈뢰딩거 방정식이 성립하는 세계는 오직 하나만 존재한다. 오히려 그 안에서 서로 다른 관측 결과를 인식하는 인간 쪽이 겉으로 보기에 분열하고 있는 것이다. 따라서 인간이 보기에는 마치 자신이 인식하고 있는 세계가 분열하는 것처럼 보인다.

기묘함이 없어졌다

다세계 해석에 따르면 슈뢰딩거의 고양이나 위그너의 친구 같은 사고 실험도 전혀 이상한 일이 아니라고 한다.

슈뢰딩거의 고양이에 관해 생각해 보자. 다세계 해석에 따르면 관측자가 상자를 열기 전에는 원소가 붕괴해서 고양이가 죽은 세계와 원소가 붕괴하지 않아서 고양이가 살아있는 세계가 동시 진행하고 있다. 하지만 관측자가 상자를 열기 전에는 내부가 어떤 상황인지 구별할 수 없다. 즉 상자 내부의 상태만 다르고 그 외에는 모든 것이 똑같은 중첩된 세계에 관측자가 존재한다고 볼 수 있다. 상자를 열면 그 순간에 죽은 고양이를 본 관측자와 살아있는 고양이를 본 관측자로 구분할 수 있게 된다. 두 가지 결과는 모두 실현되지만, 관측자가 보기에는 어느 한쪽만 일어난 것처럼 보인다. 사실상 서로 다른 결과를 본 관측자 두 명으로 나눠진 것이다.

위그너의 친구가 상자를 열었을 때도 마찬가지다. 친구가 상자를 열었을 때 위그너는 아직 결과를 듣지 못했으므로, 위그너가 모르는 곳에서 죽은 고양이를 본 친구와 살아있는 고양이를 본 친구가 동시 진행하고 있다. 위그너가 그 결과를 들었을 때 비로소 위그너는 친구가 어떤 결과를 봤는지 구분할 수 있게 된다. 두 가지 결과가 모두 일어나지만, 위그너에게는 어느 한쪽만 이루어진 것처럼 보인다. 사실상 서로 다른 결과를 들은 위그너 두 명으로 나눠진 것이다.

양자 결어긋남이란

에버렛과 디윗은 관측을 할 때마다 세계가 서로 무관한 부분으로 나눠진다고 해석했다. 하지만 근본적인 그 이유를 분명하게 밝히지는 못했다. 그래서 다소 신비주의적인 느낌이 들 수밖에 없었다.

하지만 그 후에도 연구가 진행되면서 다세계 해석을 지지하는 현상이 발견되었다. 바로 '양자 결어긋남'이라는 현상이다. 결어긋남이란 조금 어려운 단어인데, 다음과 같은 뜻이다.

양자역학에서 논하는 세계는 인간이 보고 있는 세계보다 비교할 수 없을 정도로 작은 세계다. 그런 작은 세계에서는 양자 얽힘 같은 특이한 현상이 일어나고, 이를 인간이 확인하려면 측정 장치를 써야 한다.

측정 장치는 매우 많은 원자로 구성된 물체이며, 인간이 직접 볼 수 있는 이른바 커다란 세계의 물건이다. 그런 수많은 입자가 상호 작용한 결과 인간이 이해할 수 있는 형태로 측정 결과가 표시된다. 양자 세계에서 보이던 양자 얽힘과 같은 성질은 위와 같은 측정 과정을 거쳐 인간에게 보이는 세계에 이르면 자취를 감추고 만다.

양자 얽힘 현상 자체가 사라지는 것이 아니다. 다만 측정 대상이 아닌 다른 수많은 입자 속에 묻혀 버릴 뿐이다. 물론 측정을 하고 있는 인간도 그 다른 수많은 입자에 포함된다. 그래서 측정 결과가 나왔을 때는 이미 양자역학 특유의 기묘한 현상이 나타나지 않는다. 이것이 양자 결어긋남이라는 현상이다.

양자역학 특유의 현상이 보이지 않는다고 해서 여러 가능성 중 하나만이 선택된 것은 아니다. 양자 결어긋남은 파동함수의 붕괴를 일으키지는 않는다. 오히려 여러 가능성 사이의 관계가 사라져서, 이후로는 서로 무관한 세계로서 동시 진행하는 것처럼 보인다.

이를 확대 해석하면 원래 한 사람이었던 관측자가 그 무관한 세계에서는 서로 다른 결과를 측정한 여러 관측자로 나누어졌다는 말이 된다. 즉 다세계 해석에서 말하는 세계의 분열이 일어난 셈이다.

인간이 관측 결과를 인식하는 상세한 과정이 모두 밝혀지지 않은 현 단계에서는 양자 결어긋남을 아직 다세계 해석의 근거로 보기 어렵다. 다만 다세계 해석을 지지하는 한 가지 가능성으로 여길 수는 있겠다.

우주의 양자론

양자역학 해석 문제에 관한 공통적인 특징이 하나 있다. 바로 옳고 그름을 확인할 방법이 없다는 점이다. 다세계 해석도 기타 해석도 마찬가지다. 사실 양자역학을 이용해 실험 결과를 설명한다는 목적만을 생각한다면 꼭 해결해야 할 문제는 아니다.

하지만 우주 탄생에 관한 이론에 양자론을 응용할 때는 조금 상황이 다르다. 그러한 연구에서는 우주 자체가 양자론의 원리에 의해 태어났다고 볼 때가 많으며, 그런 상황에서는 전통적인 코펜하겐 해석이 쓸모없어진다.

왜냐하면 코펜하겐 해석은 관측하고자 하는 범위 밖에 관측자가 있다는 전제를 두기 때문이다. 외부에서 관측한다는 전제가 있어야 측정을 통해 파동함수가 붕괴하여 유의미한 예언을 할 수 있다. 하지만 우주를 관측하고 있는 것은 우주 내에 존재하는 인간이므로 전제를 만족하지 못한다.

다세계 해석에서는 파동함수의 붕괴가 일어나지 않으므로 코펜하겐 해석 같은 문제가 없다. 외부에 관측자가 꼭 필요하지 않기 때문이다. 그래서 양자적인 우주 탄생 이론을 해석할 때 다세계 해석은 한 가지 유망한 가능성이 된다. 이런 이유도 있어서 다세계 해석을 지지하는 사람이 서서히 늘고 있다.

하지만 다세계 해석이 시사하는 평행우주의 수는 방대하다. 인간이 자연계를 볼 때마다 세계가 무관한 부분으로 나뉘기 때문이다. 그 세계 중 대부분은 우리와 관계없다. 그런 쓸모없는 세계가 대단히 많이 존재한다고 생각하는 것이 이론으로서 의미 있는 일인지 의문이 들기도 한다. 이는 충분히 타당한 의견이다. 벨의 정리처럼 뭔가 실험으로 확인할 방법이 있으면 좋겠지만, 아직은 다세계 해석을 증명하거나 부정할 방법이 없는 상황이다. 따라서 다세계 해석에 관한 평가는 연구자 개인의 신념에 크게 좌우되는 편이다.

비상식적인
생각을 받아들이다

입 다물고 계산해라

양자역학이 설명하는 세계는 현실 세계다. 아무리 양자역학의 본질이 상식에서 벗어나 있다 해도 세계는 양자역학을 따른다. 이해하기 힘들어도 현실을 받아들여야 한다.

수많은 현대 과학자는 양자역학의 의미를 깊게 생각하지 않으려 한다. 과거에 수많은 선배 연구자가 노력했지만, 유용한 결과를 얻지 못했다는 사실을 잘 알고 있기 때문이다. 그런 문제에 빠진 과학자가 곧잘 듣는 말이 있다. 바로 "입 다물고 계산해라!"라는 말이다. 의미에 관해 고민하지 말고 차라리 그 시간에 양자역학을 현실 문제에 응용해 더 유의미한 연구를 하라는 뜻이다. 이 구호 아래 양자역학에 기반을 둔 물리학은 크게 발전했다. 그리고 원자핵 너머에 있는 구조가 차례차례 밝혀져 갔다.

양자역학을 이용한 주판이 있다면?

———

양자 얽힘 등을 보면 알 수 있듯이 양자역학은 대단히 비상식적인데, 그러한 현상을 오히려 공학으로 응용하면 우리가 상상하지도 못한 꿈 같은 기술을 만들어 낼 수도 있다. 그래서 현재는 차세대 기술로서 적극적으로 연구되고 있다.

대표적인 예로 양자 컴퓨터를 들 수 있다. 컴퓨터란 계산기라는 뜻이며, 가전제품이나 스마트폰 등에서 중요한 기능을 한다는 사실은 오늘날 누구나 알고 있다. 그러한 우리 주변에 있는 컴퓨터는 복잡한 전자회로에 전류가 흐르며 기계적인 계산을 하는 장치다. 컴퓨터는 딱히 양자역학의 원리를 이용하지는 않는다. 컴퓨터란 간단히 말하면 주판을 자동으로 매우 빠르게 튕기는 기계다.

주판알의 위치는 명확하게 상태가 정해져 있다. 하지만 양자역학을 이용한 주판이 있다면 어떨까? 사실 주판처럼 큰 물체를 양자역학적인 상태로 만드는 일은 비현실적이지만, 일단 크기가 매우 작은 주판 같은 것이 있다고 생각해 보자.

양자역학의 특징 중 여러 가능성이 중첩된 상태라는 것이 있다. 양자역학적인 주판에서는 가령 1234를 나타내는 주판알 위치와 4321을 나타내는 주판알 위치를 중첩된 상태로 만들 수 있다. 그 중첩된 상태에서 계산을 진행하면, 동시에 두 개의 주판을 이용한 것과 같은 효과를 낼 수 있다.

두 가지가 아니라 더 많은 상태를 중첩시킬 수도 있다. 그런 중첩 상태를 잘 제어할 수만 있다면 엄청난 성능을 지닌 컴퓨터를 만들 수 있다.

상용 양자 컴퓨터

양자 컴퓨터를 만들기 힘든 기술적인 이유는 바로 양자역학적인 중첩 상태를 제어하는 것이 몹시 어렵기 때문이다. 하지만 빠르게 연구가 진행되고 있어서 실용적인 양자 컴퓨터가 개발될 가능성이 보이기 시작했다.

이미 원시적인 양자 컴퓨터는 실제로 만들어졌으며, 캐나다 벤처기업인 D-웨이브 시스템에서 상용 제품을 판매하고 있다.

그 제품은 여태까지 널리 연구되던 양자 컴퓨터와는 다른 원리로 만들어진 것으로, 특정한 문제를 풀기 위한 전용 계산기다. 하지만 동작 원리에 양자역학을 이용했다는 점에서는 최초의 상용 양자 컴퓨터라고 할 수 있다.

구글과 미국 항공우주국 나사NASA가 공동 설립한 양자 인공지능 연구소는 D-웨이브 시스템의 최신 기종 양자 컴퓨터인 D-Wave2X를 연구용으로 사들여 동작을 확인해 봤다. 확인 결과 계산 속도가 기존 컴퓨터보다 1억 배나 빠르다고 한다. 현재는 아직 특수한 문제만 풀 수 있는 상황이지만, 머지않아 양자 컴퓨터가 일상적으로 쓰일 날이 올 지도 모른다.

양자 얽힘 등을 비롯한 양자역학의 이해하기 힘든 여러 성질을 부정할 수는 없다. 이미 그런 성질을 적극적으로 이용하는 시대에 들어섰으며, 대표적인 사례가 바로 양자 컴퓨터다. 그 밖에도 양자 얽힘을 이용하여 양자의 상태를 먼 곳에 전송하는 '양자 순간 이동'이라는 놀라운 기술이 연구되고 있다. 통신 내용을 완전히 비밀로 만들 수 있는 '양자 암호'라는 기술도 있다.

양자역학의 비상식적이고 기묘한 성질은 상식에서 벗어난 기술 개발을 가능케 한다. 지금 당장에는 얼마나 유용할지 알 수 없지만, 그런 것일수록 미래 사회를 좌우하는 기술이 되는 법이다.

06

시간과 공간의
물리학

시간과 공간이란
무엇인가

- - - - - - - - - -

시간과 공간이라는 전제

———

이 세상 모든 것은 시간과 공간 속에 존재한다. 시간과 공간은 우주 그 자체라고 할 수 있다. 사실 우주宇宙라는 한자어는 원래 시간과 공간을 가리키는 말이다. 시간과 공간이란 무엇일까. 평소에 우리는 시간과 공간을 딱히 의식하지 않으며 당연히 존재하는 것으로 여긴다. 이른바 공기 같은 존재인 셈인데, 시간과 공간이 없다면 우리의 세계 또한 없다.

시간과 공간은 우리가 살아가는 중에 일어나는 모든 사건을 가리키기 위한 것이다. 물리학에서는 물체의 운동을 기술하거나 예언할 때 사용한다. 시간과 공간은 그 안에서 움직이는 물체와는 이질적인 것이다.

뉴턴 역학을 비롯한 19세기까지의 물리학에서는 시간과 공간이란 미리 주어진 것이었으며 이들 자체의 성질을 따지지는 않았다. 물체의 위치와 속도를 생각하려면 반드시 시간과 공간이 있어야 한다. 뉴턴 역학에서 시간과 공간의 존재는 암묵적인 전제였던 셈이다.

절대 시간과 절대 공간

뉴턴 역학은 시간과 공간이 누구에게나 공통적이라는 전제를 바탕으로 만들어진 것이다. 물론 이는 우리의 경험과도 일치한다. 약속을 잡을 때는 10시에 역 앞 광장에서 만나자고 하면 충분하다. 때때로 시계가 고장이 났다거나 장소를 잘못 기억해서 정확한 시간에 오지 못하는 사람도 있겠지만, 이는 개인이 스스로 해결할 수 있는 문제다. 정확한 시계를 준비하고 시간과 장소를 제대로 기억하기만 하면 약속 장소에 제대로 모일 수 있다.

하지만 현대 물리학에서는 그러한 암묵적인 전제가 성립하지 않을 때가 있다. 누구에게나 공통적인 시간과 공간이 존재한다는 전제가 무너져 버린 것이다. 누구에게나 공통적인 시간을 '절대 시간'이라 하며, 누구에게나 공통적인 공간을 '절대 공간'이라고 한다.

여기서 절대란 '절대적', 다시 말해 누구에게나 공통적이고 보편적인 것이라는 뜻이다. 반대말은 '상대적'이며, 이는 처지에 따라 다르게 보인다는 뜻이다. 뉴턴 역학에서는 시간과 공간이 절대적인 것이라고 보았는데, 그 전제가 틀렸다는 말은 즉 시간과 공간이 상대적인 것이라는 뜻이다. 이 새로운 이론이 바로 '상대성이론'이다.

상대성이론과 아인슈타인

아인슈타인은 상대성이론을 만드는 데 크게 공헌했다. 기본적인 이론은 거의 아인슈타인이 혼자 만들었다. 이 시간과 공간에 관한 새로운 관점은 현대 물리학 중에서도 눈부시게 빛나는 부분이다. 아인슈타인이 물리학계뿐만 아니라 일반 사회에서도 대단히 유명한 이유는 이 획기적인 이론을 만들어 냈기 때문이다.

물론 아인슈타인도 아무것도 없는 곳에서 하나부터 상대성이론을 만들어 낸 것은 아니다. 뉴턴 역학이 완벽했다면 그 전제인 절대 시간과 절대 공간을 버릴 이유가 없었을 것이다. 하지만 아인슈타인에게는 분명히 그래야 할 이유가 있었다. 바로 전기와 자기에 관한 물리학 때문이었다.

전기와 자기의 정체

편리한 전기의 정체

전기와 자기는 우리 일상에서 흔히 보이는 현상이지만, 동시에 신기한 것이기도 하다. 왜냐면 전기와 자기는 직접 눈으로는 볼 수 없기 때문이다. 우리는 전지나 콘센트를 통해 전기를 쓸 수 있으며, 이는 우리 생활에 꼭 필요한 존재다. 하지만 딱히 전기의 정체를 몰라도 이를 사용하는 데에는 아무런 지장이 없다.

마치 호스 속에서 물이 흐르는 것처럼 전선 속에서 전기가 흐른다는 정도만 알고 있어도 전기를 사용하는 데에는 아무런 문제가 없다. 그 밖에는 위험하니 직접 만져서는 안 된다는 정도만 알면 충분하다.

전선에서 전기가 흐르는 속도는 어느 정도일까? 빛의 속도와 똑같다고 생각하는 사람도 있겠지만, 이는 전기의 효과가 전달되는 속도다. 발전소에서 발전기를 돌리기 시작하면 그 효과는 빛의 속도로 각 가정에 전달되어 바로 전기를 쓸 수 있게 된다. 하지만 이는 수도꼭지와 연결된 긴 호스에 물을 가득 채워둔 상태에서 물을 틀었을 때, 수도꼭지와 멀리 떨어져 있는 호스 끝에서 바로 물이 나오는 것과 같은 이치다. 이때 물을 튼 효과가 바로 먼 곳에 전해지기는 하지만, 실제 물이 흐르는 속도는 그보다 훨씬 느리다.

우리가 사용하는 전기의 정체는 전선 속에 있는 전자가 이동하는 현상이다. 전자는 음전하, 다시 말해 마이너스 전하를 띠므로 마이너스에서 플러스 쪽으로 밀려난다. 즉, 전자는 마이너스에서 플러스 방향으로 흐른다. 이것이 전류의 정체다.

플러스에서 마이너스로 흐르는 전류는 환상이다

우리는 습관적으로 전류가 플러스에서 마이너스 방향으로 흐른다고 생각한다. 그러나 실제로는 그렇지 않다. 아직 전기의 정체를 모르던 시절에 무언가가 흐르는 것 같으니 이에 전류라는 이름을 붙인 것이다.

전류를 발견하기는 했지만 대체 무엇이 어느 방향으로 흐르는지는 알 수 없었기 때문에 대충 방향을 정하고 말았다. 그런데 훗날 알고 보니 실제로는 처음 정한 것과 반대 방향으로 전자가 흐르고 있었던 것이다. 지금 들으면 참으로 웃긴 이야기지만, 당시에는 아무도 전류의 정체를 몰랐으니 어쩔 수 없는 일이었다.

J. J. 톰슨이 전자를 발견한 해가 1897년인데, 이탈리아 물리학자 알레산드로 볼타는 그보다 거의 100년 전인 1800년에 전지를 발명했다. 근본적인 정체를 몰라도 현상을 알고 있으면 실용화는 할 수 있다. 한번 사회에 고정된 습관은 대단히 바꾸기 어렵다. 플러스에서 마이너스로 흐르는 전류는 실제 존재하지 않는 환상 같은 것이지만, 여전히 그 개념이 쓰이고는 있다. 왜냐하면 실용 면에서는 어느 쪽으로 흐르든 상관없기 때문이다.

전선 속에서 자유롭게 움직일 수 있는 전자를 전도 전자라고 하며, 이는 전선 속에 수없이 존재한다. 전기가 잘 흐르는 금속 등에는 이 전도 전자가 많이 들어있다. 전류가 흐르지 않을 때는 이 전자들이 각각 제멋대로 움직이므로, 전체적으로 보면 어느 방향으로도 이동하지 않는 셈이다.

전자의 속도는 전류가 전해지는 속도와 다르다

하지만 전류가 흐를 때는 전체적으로 한 방향으로 이동한다. 전선 속에 있는 전도 전자의 개수는 원자 개수처럼 무수히 많다. 따라서 진도 전자가 평균적으로 아주 조금 움직이기만 해도 전체적으로는 수많은 전자가 움직이므로 엄청난 전류가 흐른다. 실제로 우리 주변에서 흐르는 전류를 보면 전자의 평균적인 속도가 1초당 1mm도 되지 않는다.

의외로 느리다는 생각이 들겠지만, 전기가 흐르는 모습은 눈으로 직접 볼 수 없기에 평소에는 그 속도를 관찰할 기회가 없다. 사실 우리 생활에서 중요한 것은 전기가 흐르는 속도가 아니라 전기의 효과가 전달되는 속도다. 전자기기를 콘센트에 연결해서 바로 쓸 수만 있다면 안에서 전자가 실제로 어떻게 움직이는지는 군이 알 필요가 없다.

진공에서도 힘이 전해진다

양전하와 음전하 사이에서는 인력이 작용하며, 양전하끼리와 음전하끼리는 척력이 작용한다. 이때 작용하는 인력의 성질은 만유인력과 똑같다. 멀면 멀수록 끌어당기는 힘이 약해지는데, 구체적으로는 거리의 제곱에 반비례해서 인력이 약해진다. 척력도 마찬가지로 거리의 제곱에 반비례해서 밀어내는 힘이 약해진다.

만유인력도 그렇지만, 이러한 힘은 공간상 떨어진 장소에 직접 작용한다. 일반적으로 힘이라고 하면 물체끼리 직접 접촉해야 가할 수 있다고 생각하기 마련인데, 아무것도 없는 진공 속에서도 전기력은 전해질 수 있다.

멀리 떨어져 있는 장소에 전기력이 작용하는 현상은 정전기를 떠올려 보면 쉽게 이해할 수 있다. 플라스틱 책받침을 비빈 다음 머리 근처에 갖다 대면 머리카락이 책받침에 달라붙는다. 음전하를 띤 책받침을 머리 근처로 가져가면 머리카락에 양전하가 모이고 양전하와 음전하사이에서 인력이 작용하기 때문이다. 공기가 없는 진공 속에서도 이와 똑같은 현상이 일어난다.

전기와 자기

———

전기에 작용하는 힘은 자석에 작용하는 힘과 대단히 비슷하다. 자석은 자기를 띠며, 자기에는 N과 S 두 종류가 있다. 전기처럼 자기도 서로 다른 종류끼리는 끌어당기며, 같은 종류끼리는 밀어낸다.

자기와 전기는 대단히 유사하지만 다른 점도 있다. 전기가 흐르면 전류가 발생하지만, 자기는 흐르지 않으므로 자류라는 현상은 존재하지 않는다. 만약 전류처럼 자류가 존재했다면 전기를 대체할 수 있는 에너지원이 되었을지도 모른다. 전력회사뿐만 아니라 자력회사가 설립되었을 수도 있다. 가격 경쟁이 일어나 에너지 비용이 싸지면 금상첨화다.

하지만 애초에 전류는 전자의 흐름으로 인해 생기는 현상이다. 이는 전자가 음전하를 띠기에 가능한 일이다. 하지만 자기는 반드시 N과 S가 한 쌍으로 존재한다. N극만, 혹은 S극만 있는 자석 같은 것은 있을 수 없다. 그 근본적인 이유는 N이나 S라는 자기를 띤 입자가 세상에 존재하지 않기 때문이다.

반면에 전기에서는 양전하를 띤 입자와 음전하를 띤 입자가 존재한다. 바로 원자핵과 전자다. 자기를 띤 입자가 없으므로 자기의 흐름도 있을 수 없다. 따라서 전류는 존재하지만 자류는 존재하지 않는 것이다.

자기를 띤 입자가 존재하지 않는다는 점만 빼면 전기와 자기는 거의 비슷한 성질을 지니고 있다. 전기력이 진공에서도 작용하는 것처럼 자기력도 진공에서 작용한다. 자석과 자석을 서로 가까이 대면 직접 접촉한 것도 아닌데도 힘이 작용한다.

진공 속에서
작용하는 힘

원격력이란

———

만유인력, 전기력, 자기력처럼 멀리 있는 것에 직접 작용하는 힘을 '원격력'이라고 한다. 원격력은 꽤나 신비로운 힘이다. 어째선지 물체는 멀리 떨어진 곳에 무엇이 있는지 알고 있으며, 그 영향에 따라 자신이 어떻게 움직여야 할지 결정한다. 대체 어떻게 그런 일이 가능한 것일까? 어쩌면 겉보기로만 그럴 뿐이지 실제로는 원격력이 존재하지 않는 것은 아닐까?

　그렇다. 원격력은 사실 원격으로 힘이 작용하는 것처럼 보일 뿐인 현상이다. 전기력은 확실히 아무것도 없는 진공 속에서도 작용한다.

.

하지만 진공이란 인간이 직접 볼 수 있는 물질이 없는 상태일 뿐이지, 그 밖의 무언가가 없다는 뜻은 아니다.

'진공眞空'이라는 한자어가 '참으로眞 비어있다空'는 뜻이다 보니 많이들 오해하는 편인데, 사실 진공은 완전히 아무것도 없는 상태가 아니다. 물론 진공 속에는 인간이 직접 보거나 만질 수 있는 것이 전혀 없다. 하지만 인간이 보고 만질 수 있는 것만이 세상의 전부가 아니라는 사실을 이제 독자 여러분은 잘 알고 있을 것이다.

'장'이란 무엇인가

진공은 단순히 아무것도 없는 공간이 아니었다. 전기력이나 자기력이 작용하는 공간은 그렇지 않은 공간과 전혀 다른 상태다. 그러한 상태의 공간을 물리학에서는 '장'이라고 한다.

전기를 띤 물체가 있으면 그 주변 공간이 변화한다. 그 변화한 상태를 '전기장'이라고 한다. 전기장은 인간의 눈에 보이지 않지만, 전기장이 있는 공간은 없는 공간과는 다른 상태로 바뀌어 있다. 진공 속에는 아무것도 없는 것처럼 보이지만, 이는 겉보기로만 그럴 뿐이다.

전기장은 방향과 세기를 지니고 있다(수학에서 말하는 벡터). 양전하를 띤 물체 주변에는 그 물체에서 시작해서 밖으로 향하는 전기장이 형성된다. 전기장의 세기는 물체에서 떨어질수록 작아진다.

만약 전기장이 있는 곳에 전기를 띤 물체를 두면, 그 물체는 전기장으로 인해 힘을 받는다. 양전하를 띤 물체는 전기장과 같은 방향으로 힘을 받는데, 전기장의 세기가 셀수록 더 큰 힘을 받는다. 한편으로 음전하를 띤 물체는 전기장과 반대 방향으로 힘을 받는다. 이처럼 진공에 놓인 전기는 주변 공간에 생긴 전기장을 통해 서로 힘을 주고받는다.

자기도 전기와 마찬가지다. 자기를 띤 자석 주변에는 '자기장'이 생긴다. 자기장도 방향과 세기를 지니며, 자기에 작용하여 힘을 가한다. 나침반의 자석이 항상 북쪽을 가리키는 이유는 지구의 자기장이 자석에 힘을 가하기 때문이다. 이를 통해 비록 눈에 보이지는 않지만, 우리 주변에 분명히 자기장이 존재한다는 사실을 실감할 수 있다.

전기장과 자기장은 서로 얽혀 있다

사실 전기력과 자기력을 따로따로 설명할 때는 굳이 전기장과 자기장 이야기를 할 필요가 없다. 그냥 원격력이라고 하면 되기 때문이다. 하지만 전기장과 자기장 개념이 고안된 이유는 따로 있었다. 바로 전기와 자기를 포괄적으로 함께 설명하기 위해서다.

전기와 자기는 독립적인 것이 아니며, 서로 기묘하게 얽혀 있다. 가령 전자석은 전류를 이용해 만들어 낸 자석이다. 전류가 흐르는 주변 공간에는 자기장이 발생하는 성질이 있기에 가능한 일이다. 그래서 도선을 원통 등에 감은 다음 전류를 흘려 보내면 전자석이 된다.

또한 발전기는 회전 운동을 전류로 바꾸는 장치인데, 이것은 자기장이 변화하면 그 주변에 전기장이 생긴다는 성질을 이용한 것이다.

물리학은 처음인데요

자기장을 변화시키려면 자석을 움직이면 된다. 그런 식으로 물체를 운동시키는 힘을 전기로 바꿀 수 있다. 반대로 모터는 전기를 이용해 물체를 움직이는 장치인데, 사실 이는 발전기를 반대로 동작시킨 것뿐이다.

맥스웰 방정식

이처럼 전기와 자기, 전기장과 자기장은 서로 밀접하게 연관되어 있다. 전기장과 자기장이라는 개념과 그 정확한 관계는 1800년대 초반에 영국 물리학자이자 화학자인 마이클 패러데이가 실험을 통해 밝혀냈다.

1864년에는 영국 이론물리학자 제임스 클러크 맥스웰이 패러데이의 이론을 바탕으로 전기장과 자기장의 성질을 정확하게 기술한 수학적인 방정식을 유도했는데, 이를 맥스웰 방정식이라고 한다. 사실 오늘날에 맥스웰 방정식이라 불리는 것은 정확히 말하면 원래 방정식을 훗날 다른 학자가 정리하고 변형시킨 것이지만, 그래도 본질은 똑같다.

전기와 자기에 의한 현상, 다시 말해 전자기 현상은 맥스웰 방정식으로 설명할 수 있다. 맥스웰 방정식이 온갖 고전적인 전자기 현상을 설명할 수 있는 기본 법칙임이 밝혀진 것이다.

진공 속을
퍼져 나가는 파동

- - - - - - - - - - - -

빛의 정체는 전자기파

———

맥스웰 방정식은 전기장과 자기장에 관한 방정식이다. 맥스웰은 이 방정식을 통해 전기장과 자기장이 서로 영향을 미치며 생겼다가 사라졌다가를 반복하는 파동의 형태로 나아간다는 사실을 발견했다. 게다가 이 파동은 물질이 전혀 없는 진공 속에서도 전달될 수 있다. 전기장과 자기장이 서로 얽힌 채로 진행하는 이 파동을 '전자기파'라고 한다.

맥스웰 방정식을 이용하면 전자기파의 속도를 계산할 수 있다. 맥스웰이 그 속도를 계산한 결과 빛의 속도와 거의 유사하다는 사실을 알아냈다. 이는 엄청난 발견이었다. 그동안 아무도 몰랐던 빛의 정체가 바로 전자기파였음을 밝혀냈기 때문이다. 맥스웰은 그 정체를 이론적으로 추측했는데, 실제로 그 추측이 옳았음이 확인되었다.

빛은 전자기파의 파장에 따라 분류할 수 있고, 빛의 파장 차이를 우리는 색으로 인식한다. 눈에 보이는 빛의 파장은 400nm부터 700nm 정도인데, 이는 몹시 좁은 범위다. 파장이 100km를 넘는 전자기파도 있고 1nm보다 짧은 전자기파도 있기 때문이다.

파장이 긴 전자기파를 흔히 전파라고 부른다. 그보다 파장이 짧은 것으로는 적외선, 가시광선, 자외선, 엑스선, 감마선 등이 있다. 발견된 경위에 따라 여러 가지 이름이 붙기는 했지만, 결국 그 모든 것의 정체는 전자기파였다.

진공 속을 나아가는 전자기파는 기묘하다

전자기파가 진공 속을 나아간다는 사실은 어찌 보면 참으로 기묘하다. 일반적으로 파동은 물질을 흔들면서 나아간다. 즉 파동을 매개하는 물질이 필요하다. 물결은 물을 흔들면서 퍼져 나가고 줄을 흔들었을 때 생기는 파동은 줄을 통해 퍼져 나간다. 눈에 보이지는 않지만 음파는 공기를 흔들며 나아가는 파동이다.

그런데 전자기파는 물질이 없는 진공 속에서도 전파된다. 파동인 이상 뭔가를 흔들기는 하는데, 바로 눈에 보이지 않는 추상적인 존재인 전기장과 자기장을 흔들면서 나아간다. 하지만 전기장과 자기장은 물질이 아니다. 진공 속에서도 전파된다는 점은 일반적인 파동에서 찾아볼 수 없는 특별한 성질이다.

진공 속에서 전달되는 파동이 기묘한 가장 큰 이유는 파동의 속도가 대체 무엇에 대한 속도냐는 점이다. 물결의 속도는 물에 대한 속도이며, 음파의 속도는 공기에 대한 속도이다. 즉, 파동의 속도란 파동을 전달하는 물질에 대한 속도인 셈이다.

바다에서 파도가 한 방향으로 초속 30m로 나아간다고 해보자. 이 속도는 당연히 물에 대한 속도다. 만약 배를 몰아서 이 파도를 쫓아가면 배에 탄 사람이 보기에 파도의 속도는 느려진다.

가령 초속 20m로 움직이는 배를 타고 파도를 쫓아간다면, 배에 탄 사람의 눈에는 파도의 속도가 초속 10m로 보인다. 배의 속도를 초속 30m로 올린다면 파도가 멈춘 것처럼 보일 것이다. 이처럼 파도와 똑같은 방향으로 움직이면서 이를 관찰하면 원래 속도보다 느리게 보이는 것은 당연한 일이다.

파동을 매개할 물질이 없다

그런데 진공 속에서 퍼져 나가는 파동에는 이를 매개할 물질이 없다. 그렇다면 전자기파, 즉 빛의 속도는 대체 무엇에 대한 속도일까? 앞에서 설명한 바와 같이 파동을 매개하는 물질이 있다면, 파동의 속도란 가만히 있는 사람이 측정한 그 물질의 속도와 같다. 하지만 진공에서는 그런 기준이 될 물질이 없다. 따라서 어떤 사람이 가만히 있는지 움직이고 있는지 구분할 방법이 없다.

우리는 일상생활 속에서 물체가 운동하고 있는지 멈춰 있는지를 판단할 때 땅을 기준으로 삼는다. 사람이 걷는 속도, 자동차와 기차가 달리는 속도, 비행기가 나는 속도는 모두 땅바닥을 기준으로 한 것이다. 따라서 땅이 없으면 속도를 정할 수 없다. 속도를 말하려면 항상 기준이 필요하다.

사실 지구는 움직이고 있으므로 땅바닥도 멈춰 있지는 않다. 우주에서 바라보면 땅은 절대적인 기준이 아니라는 사실을 명확히 알 수 있다. 지구의 중심을 기준으로 생각하면 일본은 자전축 주변에서 동쪽을 향해 초속 380m 정도의 속도로 움직이고 있다. 또한 지구는 태양을 중심으로 공전하므로, 태양을 기준으로 삼으면 지구 자체가 초속 30km로 움직이고 있다. 태양 역시 우리 은하의 중심을 기준으로 회전하고 있으며, 우리 은하 자체도 우주 공간에서 다른 은하계에 대해 움직이고 있다. 결국, 땅뿐만 아니라 우주 그 어떤 곳에도 가만히 멈춰 있는 기준점 같은 것은 없다.

기준이 없다면 속도는 상대적으로만 정할 수 있다. 즉 누가 측정하느냐에 따라 속도가 달라진다는 뜻이다. 어떤 사람이 보기에는 초속 30m로 움직이는 물체일지라도, 이를 초속 10m로 쫓아가고 있는 사람이 보기에는 초속 20m로 보일 것이다. 이는 어느 한쪽이 맞고 틀리고의 문제가 아니다. 기준으로 삼을 만한 물체가 없다면, 속도는 결국 측정하는 사람에 따라 다를 수밖에 없다.

초속 10만km로 빛을 쫓아간다면

———

그래서 진공 속을 나아가는 빛의 속도는 매우 중요한 문제다. 진공에는 기준이 될 만한 물질이 없는데, 그렇다면 맥스웰 방정식을 통해 이론적으로 계산된 빛의 속도는 대체 무엇을 기준으로 한 것일까? 맥스웰 방정식을 아무리 살펴보아도 그 답은 보이지 않는다. 만약 맥스웰 방정식이 옳다면 빛이 진공 속을 나아가는 속도는 항상 초속 2억 9,979만 2,458km이며 절대 변하지 않는다.

맥스웰 방정식이 누구에게나 적용되는 것이라면, 빛이 진공 속을 나아가는 속도는 누가 측정해도 똑같아야 한다. 즉, 서로 움직이고 있는 관찰자 두 사람이 한 빛의 속도를 각각 측정했을 때 똑같은 속도가 나와야 한다.

이는 매우 이상한 일이다. 가령 빛이 나아가는 방향으로 초속 10만 km로 움직이면서 빛의 속도를 재면 어떻게 될까? 빛의 속도는 대략 초속 30만km 정도이므로, 상식적으로는 그 사람이 보기에 빛의 속도가 초속 20만km가 되어야 할 것처럼 보인다. 하지만 이는 즉 그 사람에게 맥스웰 방정식이 성립하지 않는다는 뜻이다. 맥스웰 방정식에 의하면 빛의 속도는 항상 일정해야 하기 때문이다. 만약 맥스웰 방정식이 누구에게나 성립한다면 빛을 초속 10만km로 쫓아가고 있는 사람이 그 빛을 측정해도 역시 초속 30만km라는 결과가 나와야 한다.

초속 30m로 움직이는 물체를 초속 10m로 쫓아가면 그 물체는 초속 20m로 움직이는 것처럼 보인다. 이는 당연한 일이다. 이런 상식에 반하는 이상 맥스웰 방정식은 누구에게나 성립하는 것이 아닐 것이다. 즉 초속 10만km라는 엄청난 속도로 움직일 때는 맥스웰 방정식이 적용되지 않는다는 뜻이다. 당시에는 다들 이렇게 생각했지만, 훗날 잘못된 추론이었다는 사실이 밝혀졌다.

에테르는
존재하는가

파동을 전달하는 물질이 있는가

———

파도만 봐도 알 수 있듯이, 파동을 쫓아가면 그만큼 파동의 속도가 느리게 보인다. 만약 빛도 이와 마찬가지라면, 일반적인 파동처럼 빛 또한 어떤 물질을 통해 전파되는 것이 아닐까. 그렇다면 맥스웰 방정식은 오직 그 물질에 대해 멈춰 있는 사람에게만 적용될 것이다. 바꿔 말하면 그 물질에 대해 움직이고 있는 사람에게는 맥스웰 방정식이 성립하지 않으므로, 빛의 속도가 다르게 보일 수 있을 것이라는 생각이었다.

이 가설 속에 등장하는 전자기파를 매개하는 물질은 '에테르'라고 불린다. 빛의 속도가 초속 30만km인 데 비해, 우리가 움직이는 속도는 현저히 느리다. 전철을 타도 고작해야 초속 수십km일 뿐이다. 전철을 타고 빛을 쫓아간다고 해도 빛의 속도는 거의 변하지 않을 것이다. 이렇게 너무나 속도 차이가 나기 때문에 에테르에 대해 다소 움직여도 우리는 전혀 눈치채지 못하는 것이 아니냐는 것이었다.

하지만 지구는 우주에서 상당히 빠른 속도로 움직이고 있다. 태양계 자체가 우리 은하계의 중심을 기준으로 회전하고 있고, 그 속도는 초속 240km에 달한다. 게다가 우리 은하 자체도 다른 은하에 대해 그보다 더 빠른 속도로 움직이고 있다. 빛은 우주 어디로든 날아가므로, 만약 에테르가 존재한다면 우주 전체에 가득 차 있을 것이다. 이는 즉 지구가 에테르로 가득 찬 공간 속에서 초속 수백km로 움직이고 있으며, 바꿔 말하면 지구는 거센 에테르의 바람 속에 놓여 있다는 뜻이다.

에테르의 속도

이 말이 사실이라면 빛의 속도는 방향에 따라 상당히 달라야 한다. 에테르의 바람과 같은 방향으로 나아가는 빛은 빨라져야 하고, 반대 방향으로 나아가는 빛은 느려져야 할 것이다. 에테르의 바람이 초속 500km라면 빛의 진행 방향에 따라 약 0.3% 정도 차이가 나야 한다. 이만큼이나 차이가 생긴다면 어렵지 않게 측정할 수 있다. 즉, 에테르 바람의 속도를 측정할 수 있다는 뜻이다.

만약 태양이 우연히 에테르와 비슷한 방향으로 운동하고 있다면 빛의 속도 차이가 조금 더 작아지겠지만, 그래도 충분히 측정 가능한 수준이다. 이때는 지구의 자전과 공전 운동 때문에 에테르의 바람이 부는 방향이 계절과 밤낮에 따라 달라질 것이다.

하지만 실제로 측정해 보면 빛의 속도는 어느 방향에서나 일정했다. 에테르의 바람이 검출되지 않은 것이다.

위대한 실패

이에 관해 마이컬슨-몰리 실험이라는 유명할 실험이 있었다. 1887년에 미국 물리학자 앨버트 마이컬슨과 에드워드 몰리는 에테르의 바람이 부는 속도를 측정하려 했다. 하지만 이 실험은 실패했고, 측정 불가능하다는 결과만 나왔다. 알아낸 사실은 설사 속도가 있다고 해도 초속 10km보다 작으며, 이는 오차 범위에 지나지 않는다는 것뿐이었다. 이는 지구의 공전으로 인해 지면이 움직이는 속도보다도 작다.

이 실험 결과는 에테르의 존재 자체를 의심하게 할 만한 것이었다. 마이컬슨과 몰리의 실험은 위대한 실패였다. 애초에 이 실험의 전제인 에테르 자체가 실존하지 않는다는 사실을 가리키고 있었기 때문이다.

그 후에도 빛의 속도를 측정하는 실험이 이루어지고 있으며, 날이 갈수록 정확도가 오르고 있다. 현재 기술로 측정해도 에테르의 속도는 확인할 수 없으며, 오차는 초속 1nm 이하로 매우 작다.

에테르가 존재한다고 믿었던 과학자는 그 속도를 측정할 수 없는 이유를 이것저것 생각했다. 지구가 에테르를 끌고 다닌다거나, 에테르의 바람 때문에 측정 장치가 줄어들어서 빛의 속도를 제대로 측정하지 못한 것이 아니냐는 추측이 나왔다.

어째서 지구가 에테르를 끌고 다닐 수 있는 것일까? 그 이유는 알 수 없다. 지구 같은 물체에 끌려다닌다면 다른 방법으로도 검출할 수 있을 것 같지만, 그런 일은 없었다. 또한, 에테르의 바람 때문에 물체가 수축한다는 가설에도 근거가 없었다. 둘 다 에테르가 존재한다고 주장하기 위해 제시된 부자연스러운 가설이었다.

시간과 공간에 관한
상식을 버리다

상식을 버린 아인슈타인

이제 아인슈타인이 등장한다. 아인슈타인은 이 책에서 벌써 여러 번 언급했다. 그는 20세기 이후에 엄청난 변화를 불러일으킨 물리학 혁명에서 홀로 수많은 공적을 남긴 천재였다. 아인슈타인은 진공 속에서 나아가는 빛의 속도가 누구에게나 일정하다는 맥스웰 방정식의 결론을 그대로 받아들였다.

맥스웰 방정식은 물리의 기본 법칙이다. 기본 법칙은 언제 어디서는 성립해야 한다. 서로 운동하고 있는 두 관찰자가 있을 때, 어느 쪽에서나 맥스웰 방정식이 성립한다. 맥스웰 방정식뿐만 아니라 모든 물리의 기본 법칙은 관측자가 운동하든 말든 성립할 것이라는 생각이었다.

따라서 맥스웰 방정식에 의해 빛의 속도는 누가 측정해도 일정해야 한다. 빛이 나아가는 방향으로 쫓아가면서 측정하든 빛과 반대 방향으로 움직이면서 측정하든 항상 결과는 같다. 이는 비상식적인 일이지만, 실험 결과로서 받아들여야 한다.

어떻게 그런 일이 가능할까? 상식적으로 생각하면 그런 일은 불가능하다. 그래서 에테르의 바람이 부는 속도를 측정하는 실험이 실패했을 때도 에테르는 존재하지만 속도를 측정할 수 없을 뿐이라며 이것저것 그럴듯한 이유를 생각했던 것이다.

하지만 아인슈타인은 오히려 상식을 버렸다. 알게 모르게 당연한 전제로서 우리 머릿속에 자리 잡고 있는 것이 바로 상식이다. 아인슈타인은 애초에 속도란 어떤 개념인지부터 다시 되짚어 봤다.

속도란 무엇인가

속도, 즉 빠르기에 관해서는 초등학교 때 배운다. 다들 알고 있다시피 이동 거리를 걸린 시간으로 나눈 결과가 속도다. 빛이라면 1초에 30만 km를 이동하므로 초속 30만 km가 된다.

이때 빛을 초속 10만 km로 쫓아가고 있는 사람이 있다고 하자. 멈춰 있는 다른 사람이 보기에 이 사람은 1초 후에 10만 km 앞에 있을 것이다. 한편으로 빛은 1초 후에 30만 km 앞에 있을 것이므로, 움직이고 있는 사람과 빛의 거리 차이는 1초 후에 20만 km가 될 것이다. 즉 빛과 이를 쫓아가는 사람의 거리가 1초 만에 20만km 벌어졌다. 속도가 거리를 시간으로 나눈 값인 이상, 이는 부정할 수 없는 사실이다.

이때 빛을 쫓아가는 사람이 측정한 빛의 속도는 초속 20만km라고 생각하고 싶겠지만, 이때 우리가 무의식적으로 전제하고 있는 어떤 사실이 있다. 바로 움직이는 사람과 멈춰 있는 사람이 똑같은 시간과 똑같은 거리를 측정하고 있다는 가정, 다시 말해 시간과 공간은 멈춰있는 사람에게도 움직이는 사람에게도 똑같다는 전제다.

시간과 공간은 사람에 따라 다르다

아인슈타인은 이 상식에 바탕을 둔 추론이 잘못되었다고 생각했다. 빛의 속도는 누구에게나 초속 30만km이어야 하므로, 이 추론이 틀렸다고 해야 앞뒤가 맞는다. 이렇게 아인슈타인은 시간과 공간이 관찰자에 따라 서로 다르게 보인다는 비상식적인 이론을 펼쳤다. 이것이 바로 '특수상대성이론'이다.

시간과 공간은 누구에게나 공통적인 것이 아니며, 측정하는 사람에 따라 다르다. 즉 상대적인 것이라는 점이 이 이론의 핵심이다. 그래서 이 이론이 상대성이론이라 불린다. 특수란 말이 붙은 이유는 훗날 아인슈타인이 중력까지 포함하여 일반화한 일반상대성이론과 구분하기 위해서다.

초속 30만km로 멀어지는 빛을 초속 10만km로 쫓아가는 사람은 멈춰 있는 사람과 다른 시간과 공간을 경험한다. 그래서 멈춰 있는 사람 눈에는 움직이는 사람이 빛과 초속 20만km로 멀어지고 있는 것으로 보여도, 움직이는 사람은 그와 다른 시간과 거리를 경험하므로 빛의 속도가 똑같이 초속 30만km로 측정되는 것이다.

로런츠 변환이란

이를 설명하기 위해 멈춰 있는 사람과 움직이는 사람의 시간, 공간이 어떤 관계에 있는지 연구했다. 그 결과 발견된 수식은 비교적 단순했으며 '로런츠 변환'이라 불린다.

이 수학적 관계식은 네덜란드 물리학자 헨드릭 로런츠가 에테르를 전제한 낡은 이론에 따라 이미 유도해 낸 것이었다. 아인슈타인은 이 관계식을 전혀 다른 곳에서, 즉 시간과 공간 자체가 상대적이라는 관점에서 유도해 냈다.

로런츠 변환에 따르면 서로 움직이고 있는 관측자의 시간과 공간은 서로 뒤섞여 있다. 그 결과 멈춰 있는 사람이 움직이는 사람을 보면 시간이 느리게 가는 것처럼 보인다. 가령 지상에 있는 사람이 엄청난 속도로 움직이는 로켓에 탄 사람을 보면 마치 동영상을 천천히 재생하는 것처럼 느리게 보인다. 게다가 움직이는 사람의 길이가 진행 방향으로 줄어 보인다. 서 있는 사람이 위를 향해 매우 빨리 움직이면 키가 줄어 보인다는 뜻이다. 이 현상을 로런츠 수축이라고 한다.

뒤섞이는
시간과 공간

사건이 일어난 시각도 변한다

———

로런츠 변환은 단순히 길이와 시간의 흐름만 바꾸는 것이 아니다. 어떤 사람이 보기에 멀리 떨어진 곳에서 두 가지 사건이 동시에 일어났더라도 움직이는 사람에게는 서로 다른 시각에 일어난 것으로 보일 수 있다. 즉 무언가가 '동시에 일어났다'는 성질마저도 관찰자에 따라 달라지는 상대적인 것이라는 뜻이다.

가령 움직이고 있는 사람의 진행 방향에 어떤 장소가 있다고 하자. 멈춰 있는 사람이 보기에 그 장소와 움직이는 사람이 둘 다 똑같이 현재 시각처럼 보이지만, 움직이는 사람이 보기에 그 장소는 과거의 시각이다. 또한 진행 방향과 반대 방향에 있는 장소도 멈춰 있는 사람에게는 똑같이 현재 시각이지만, 움직이는 사람에겐 미래의 시각이다.

따라서 초속 30만km인 빛을 초속 10만km로 쫓아가더라도, 로런츠 변환의 성질에 따라 쫓아가는 사람이 보기에 빛은 여전히 초속 30만km라고 설명할 수 있다.

빛의 속도는 결국 변하지 않는다

어떤 사람이 초속 10만km로 빛을 쫓아가고 있다고 하자. 멈춰 있는 사람에게는 1초 후에 움직이는 사람과 빛의 거리가 20만km로 벌어진 것처럼 보이겠지만, 움직이는 사람에게는 빛이 그 장소에 있던 시각이 현재가 아닌 과거다. 즉 움직이는 사람이 보기에 빛은 20만km보다 더 먼 곳으로 나아간 상태라는 뜻이다. 여기에 시간의 흐름 변화와 길이 수축 등의 효과를 더하면 결국 움직이는 사람이 측정한 빛의 속도도 초속 30만km가 된다.

반대로 빛의 진행 방향과 반대 방향으로 초속 10만km로 움직이는 사람이 있다고 하자. 멈춰 있는 사람이 보기에 빛과 움직이는 사람은 초속 40만km로 멀어져 간다. 이때도 역시 멈춰 있는 사람에게는 움직이는 사람과 그 반대 방향에 있는 장소가 같은 시각이어도, 움직이는 사람에게는 미래 시각으로 보인다. 움직이는 사람을 기준으로 하면 그보다 이전 시각이 현재 시각이므로, 빛은 아직 그렇게 멀리 나가지 않은 상태다. 여기에 시간의 흐름 변화와 길이 수축 효과를 더하면 마찬가지로 빛의 속도는 초속 30만km가 된다.

상대성의 의미

———

말만으로 설명하면 어렵게 느껴질지도 모르지만, 로런츠 변환의 수식은 아주 단순해서 중학교 수학으로 이해할 수 있다. 수식이 단순하기는 하지만, 시간과 공간에 관한 상식을 버려야 한다는 점이 어렵게 느껴질 수도 있다. 어쨌든 요점은 멈춰 있는 사람과 움직이는 사람 사이에서는 시간과 공간이 서로 얽혀 있고 뒤섞여 있다는 것이다. 이는 상식에서 벗어난 일이기에 무척 기묘하게 보인다.

여태까지는 움직이는 사람과 멈춰 있는 사람으로 구분했지만, 앞에서도 설명했듯이 절대적인 기준이 없는 우주 공간에서는 속도란 상대적인 것이다. 자신을 중심으로 놓고 생각하면 자신이 멈춰 있고 다른 사람이 움직이고 있다. 하지만 상대가 보기에는 내가 움직이고 상대가 멈춰 있는 것이다. 이것이 상대성이다.

이를 통해 또 다른 기묘한 결론이 나온다. 가령 움직이고 있는 사람의 시간은 동영상을 천천히 재생하는 것처럼 느리게 보인다고 했는데, 상대성에 따르면 상대가 보기에도 내 시간이 느리게 보인다.

상식에 맞지 않지만 모순은 아니다

———

이때 상식적으로 생각하면 어느 쪽 시간이 느린지 분명하지 않으므로 모순처럼 보인다. 하지만 실제로는 어느 쪽이 느리고 어느 쪽이 빠르다는 생각 자체가 절대적인 시간을 전제로 한 것이다.

어떤 기준으로 삼을 만한 시간의 흐름이 있다면 이에 비해 빠른지 느린지를 논할 수 있겠지만, 그런 기준은 존재하지 않는다. 서로 상대의 시간이 느리게 가는 것처럼 보일 뿐이며, 이는 모순이 아니다.

또한, 내가 빠르게 움직인다고 해서 자기 자신의 시간이 느려졌다는 자각은 할 수 없다. 상대가 보기에는 내 뇌를 포함한 내 주변 시간이 느리게 흐르기 때문에 내가 느끼는 시간 감각에는 변화가 없다.

즉 시간이 느리게 흐른다고 해도 다른 사람에게 그렇게 보인다는 것뿐이지, 내가 느끼기에는 달라지는 것이 없다. 다른 사람이 없어도 내 시간은 잘 흐르므로 다른 사람이 얼마나 빠르게 움직이느냐로 내 시간이 영향을 받지는 않는다.

로런츠 변환과 갈릴레이 변환

—

로런츠 변환이라는 수식은 멈춰 있는 사람의 물리 법칙을 움직이는 사람의 물리 법칙으로 변환하는 처방전이다. 즉 멈춰 있는 사람의 시점을 움직이는 사람의 시점으로 바꿔 준다. 맥스웰 방정식은 로런츠 변환을 해도 아무것도 바뀌지 않는다. 즉 멈춰 있는 사람에게나 움직이는 사람에게나 똑같은 물리 법칙이 적용된다는 뜻이다. 맥스웰 방정식에 의해 진공 속에서 빛이 나아가는 속도가 결정되므로, 맥스웰 방정식이 성립하는 한 빛의 속도는 하나뿐이다. 따라서 멈춰 있든 움직이든 빛의 속도는 변하지 않는다.

한편으로 뉴턴 역학의 방정식은 로런츠 변환에 의해 형태가 바뀌어 버린다. 한때는 뉴턴의 운동 방정식도 멈춰 있든 움직이든 변함없이 성립하는 줄 알았다. 그런데 이는 그 당시에는 시간이 모든 사람에게 공통적인 것으로 생각했기 때문이다. 뉴턴의 운동 방정식을 변화시키지 않으면서 멈춰 있는 사람에서 움직이는 사람으로 시점을 바꾸는 것을 '갈릴레이 변환'이라고 한다. 갈릴레이 변환에서는 서로 다른 관찰자 사이에서 시간이 변화하지 않는다. 따라서 시간과 공간이 뒤섞이는 로런츠 변환과는 양립할 수 없다.

갈릴레이 변환은 근사적인 것

시간과 공간은 어떤 현상에도 필요한 것이므로 로런츠 변환과 갈릴레이 변환이 둘 다 옳을 수는 없다. 어느 한쪽이 옳다면 다른 쪽은 틀릴 수밖에 없다. 방금 빛의 속도가 누구에게나 일정하다는 사실을 통해 로런츠 변환이 유도되었다. 따라서 갈릴레이 변환은 틀렸다는 결론이 나온다.

뉴턴의 운동 방정식은 갈릴레이 변환으로는 형태가 바뀌지 않으나, 로런츠 변환으로는 형태가 바뀐다. 갈릴레이 변환이 옳지 않은 이상, 뉴턴의 운동 방정식은 멈춰있는 사람과 움직이는 사람에게 서로 다르게 적용되고 만다.

사실 움직이는 속도가 빛의 속도보다 매우 작다면 갈릴레이 변환과

로런츠 변환은 거의 같아진다. 따라서 속도가 아주 작다면 갈릴레이 변환은 로런츠 변환의 근사적인 형태로 볼 수 있다.

실제로 우리 주변에 있는 물체가 움직이는 속도는 빛의 속도에 비해 매우 느리다. 시속 300km로 달리는 고속철도도 초속으로는 80m 정도밖에 되지 않으며, 이는 빛의 속도의 수백만 분의 일일 뿐이다. 고속철도보다 몇 배 빠른 제트기도 마찬가지다.

이처럼 우리가 일상에서 경험하는 속도는 매우 느려서 갈릴레이 변환이나 로런츠 변환이나 별 차이가 없다. 따라서 뉴턴의 운동 방정식을 로런츠 변환해도 그 형태가 거의 바뀌지 않는다. 하지만 엄청나게 빠른 속도로 움직이는 물체라면 이야기가 다르다.

뉴턴 역학은 수정된다

빛의 속도와 비슷한 속도로 움직이는 물체에는 뉴턴 역학이 적용되지 않는다는 뜻이다. 따라서 뉴턴 역학은 이제 근사적인 법칙일 뿐이며, 로런츠 변환으로 형태가 바뀌지 않도록 수정해야 한다. 수정하는 일자체는 비교적 간단했고, 수정한 결과가 올바르다는 사실은 실험으로 확인되었다.

하지만 우리가 빛의 속도에 비해 매우 느린 세계에서 사는 이상, 실용 면에서는 기존 뉴턴 역학도 충분히 정확하다. 따라서 상대성이론 때문에 뉴턴 역학이 완전히 폐기된 것은 아니다.

일상적인 문제에 굳이 상대성 이론을 적용해 봤자 득이 될 일은 없다. 그저 계산이 복잡해질 뿐이다. 뉴턴 역학이 모든 상황을 아우르는 만능 이론이 아닐 뿐이지, 여전히 일상생활에서는 유용한 이론이다.

이는 양자역학도 마찬가지다. 양자역학의 원리는 뉴턴 역학과 맥스웰 방정식 등의 고전적인 이론이 완전히 옳지는 않다는 사실을 밝혀냈다. 하지만 일상적인 세계를 논할 때는 양자역학이 거의 필요하지 않다. 그런 상황에서는 고전적인 이론만으로도 충분히 정확하다.

물리학의 새로운 이론은 기존 이론보다 적용 범위가 넓지만, 그렇다고 기존 이론이 쓸모없어지는 것은 아니다. 기존 이론으로 충분히 설명할 수 있는 문제에 괜히 새로운 이론을 적용한 결과 오히려 더 복잡해질 때도 있다.

가령 지동설이 옳다는 사실이 밝혀졌지만, 우리는 여전히 천동설 시절의 용어를 쓰고 있다. "태양이 동쪽에서 떠서 서쪽으로 진다"라는 표현은 천동설을 전제로 한 것이다. 지동설을 고려한다면 "지구 자전 때문에 내가 있는 지표면이 태양이 보이는 쪽을 향했다가 다시 태양이 보이지 않는 쪽을 향했다"라고 해야 하겠지만, 그런 번거로운 표현을 쓰는 사람은 없다.

07

||||||||||||||||||||||||||||||

시공간이 낳는
중력

중력의
정체

||||||||||||||

아인슈타인은 중력의 정체를 파헤쳤다

———

아인슈타인은 특수상대성이론을 만든 후 이를 더욱 일반화한 '일반상대성이론'을 제시했다. 이는 시간과 공간의 더욱 심원한 성질을 밝혀 낸 실로 획기적인 이론이었다.

　일반상대성이론의 중요한 특징은 중력이라는 힘을 시간과 공간의 성질로 설명해 냈다는 점이다. 일반상대성이론이 나오기 전까지 중력은 뉴턴의 만유인력 법칙으로 설명되었다. 만유인력의 법칙은 멀리 떨어져 있는 물체 사이에서 직접 인력이 작용한다는 법칙이다. 이는 신비로운 원격력이었고, 뉴턴은 왜 그런 인력이 작용하는지 설명하지 않았다. 만유인력의 법칙으로 온갖 중력 현상을 설명할 수 있음을 보인 것이 뉴턴의 업적이었다. 만유인력 자체가 왜 발생하는지는 당시의 물리학으로는 설명할 수 있는 문제가 아니었다.

아인슈타인은 왜 만유인력이 발생하는지 상대성이론이라는 새로운 사고방식에 따라 깊이 생각했다. 일반상대성이론보다 먼저 만들어 낸 특수상대성이론은 일정한 속도로 서로 움직이는 관측자 사이에 어떠한 관계가 있는지 알려주는 이론이었다. 일정한 속도로 움직여야 하므로, 가속하거나 감속하고 있는 관측자에 관해서는 설명할 수 없었다.

관성력이란

—

전철에 탔을 때를 떠올려 보자. 멈춰 있는 상태에서 전철이 움직이기 시작하면 속도가 점점 빨라진다. 이렇게 가속할 때는 진행 방향과 반대 방향으로 밀리는 느낌이 든다. 특히 서 있을 때는 손잡이를 잡지 않으면 넘어질 수도 있다.

이 힘은 '관성력'으로 알려져 있다. 멈춰 있는 것을 움직이려면 힘이 필요하다. 전철이 움직이기 시작해도 나 자신은 계속 멈춰 있으려고 한다. 즉 전철만 먼저 앞으로 나가 버리다 보니, 전철을 기준으로 생각하면 마치 보이지 않는 힘이 나를 뒤로 미는 것처럼 보인다. 그 힘을 상쇄하기 위해 뒤에서 힘을 가하면 자신도 전철과 함께 움직이게 된다.

이처럼 관성력이란 가속하는 방향과 반대 방향으로 힘이 작용하는 것처럼 느끼는 현상이다. 이 힘은 무게를 지닌 모든 물체에 작용한다. 그리고 무거울수록 관성력도 커진다.

무거울수록 큰 힘이 작용한다는 점은 중력과 유사하다. 중력도 물체가 무거울수록 커진다. 이처럼 관성력과 중력은 성질이 비슷한데, 실제로 이 두 가지 힘은 구별할 수 없다.

바깥을 내다볼 수 없는 상자 속에서

바깥을 전혀 내다볼 수 없는 상자 속에 사람이 들어있다고 해보자. 이 상자 속에 있는 모든 물체는 어느 한 방향으로 힘을 받고 있다. 만약 그 힘의 크기가 지구상의 중력과 똑같은 1G라면, 그 상자는 지상에 놓여 있으며 물체에는 중력이 작용하고 있다고 예상할 수 있다. 하지만 힘의 크기가 0.5G이면 어떨까?

한 가지 생각해볼 만한 가능성은 상자가 지상에서 떨어진 상당히 높은 곳에서 정지해 있다는 것이다. 만유인력은 거리의 제곱에 반비례하므로, 지상에서 멀리 떨어진 곳에서는 중력이 약해진다. 그런데 또 다른 가능성도 있다. 바로 지구 중력이 작용하지 않는 우주 공간에서 상자가 일정한 가속도로 움직이고 있는 상황이다. 이때도 상자 속에 있는 모든 물체에 관성력이 작용한다. 따라서 가속하는 방향과 반대 방향으로 상자 속에 있는 물체가 떨어지는 것처럼 보인다.

물체가 아래로 떨어진다는 현상은 이 두 가지 상황 중 어느 쪽에서

나 일어날 수 있다. 그리고 상자 속에 있어서 바깥을 내다볼 수 없다면 이 두 가지 상황 중 어느 쪽인지 구별할 방법이 없다. 즉 관성력과 중력은 상자 속에서 완전히 같은 성질을 지니고 있다.

등가원리라는 발상

이 두 가지 힘은 단순히 비슷할 뿐만 아니라 실은 같은 것이 아닐까. 물체가 아래로 떨어지는 것과 가속했을 때 뒤로 쏠리는 것은 언뜻 보기에는 서로 다른 힘처럼 느껴진다. 기존에는 단순히 성질이 비슷한 힘이라고만 생각했다. 그런데 사실 이들은 본질적으로 같은 것이었다. 관성력과 중력은 등가, 즉 똑같은 것이라는 생각을 '등가원리'라고 하는데 아인슈타인은 이를 일반상대성이론의 원리로 삼았다.

뉴턴 역학에서도 중력과 관성력의 성질은 구분할 수 없지만, 물체가 가속하고 있는지 아닌지는 구별할 수 있다. 가속해서 생기는 힘은 관성력이고 그렇지 않을 때 생기는 힘은 중력이다. 즉 관측자가 가속하는 정도에 따라 관성력을 계산할 수 있다. 관성력을 제외한 나머지는 중력이다. 그리고 중력은 관측자 주변에 있는 물질의 무게를 알면 만유인력의 법칙에 따라 계산할 수 있다. 뉴턴 역학에서는 중력의 성질과 관성력의 성질이 우연히 똑같다고 볼 뿐이다.

등가원리에 따르면 이 두 가지 힘은 근본적으로 구별할 수 없다. 뉴턴 역학에서는 구별할 수 있었는데도 이를 불가능하다고 하는 소극적인 발상이 실로 중요했다. 아인슈타인은 등가원리를 생각해 낸 일을

"내 인생에서 가장 훌륭한 아이디어였다"라고 회상했다.

관성력과 시공간

중력과 관성력이 똑같다면 중력은 이제 물체끼리 서로 직접 끌어당기는 힘이 아니라는 말이 된다. 왜냐하면 관성력은 끌어당기는 힘이 아니기 때문이다. 관성력은 누구에게나 똑같이 보이는 힘이 아니다. 관성력은 관측자의 운동 상태에 따라 크기가 바뀐다. 만약 가속하고 있지 않다면 관성력은 0이다.

물체가 똑바로 움직이고 있다고 하자. 가속하고 있는 관측자가 이를 보면 물체가 똑바로 움직이지 않고 휘어져서 움직이는 것처럼 보인다. 달리던 전철이 멈추려고 감속할 때는 모든 물체가 앞으로 힘을 받는다. 따라서 진행 방향과 수직으로 공을 굴리면 똑바로 굴러가지 않고 앞으로 휘어지는데, 이것이 관성력이다. 하지만 전철 밖에서 관찰하면 공은 똑바로 굴러가는 것처럼 보인다.

관성력은 관측자의 가속 때문에 생긴다. 가속하고 있는 관측자와 가속하지 않는 관측자의 차이는 무엇일까? 가속이란 속도의 변화를 시간으로 나눈 것이므로 시간·공간과 관련되어 있다. 특수상대성이론에 따르면 속도가 서로 다른 관측자들 사이에서는 시간과 공간도 달라진다. 이와 마찬가지로 가속하는 관측자의 시간과 공간은 가속하지 않는 관측자의 시간과 공간과는 다르다.

따라서 가속하고 있는 관측자에게는 시공간이 휘어져 있다고 생각할 수 있다. 가속함으로써 시공간이 본래 모습이 아닌 휘어진 모습으로 보이므로 물체가 똑바로 운동하지 않게 된다. 일반상대성이론에서는 이것이 관성력의 정체라고 설명한다.

휘어지는
시공간

||||||||||||||||||

시공간의 휘어짐이란

———

등가원리에 따르면 중력과 관성력은 같은 것이므로, 중력의 정체도 시공간의 휘어짐 때문에 생긴다는 말이 된다. 시공간이 휘어진다니 쉽게 상상하기 힘들겠지만, 시공간을 평면이라고 한 번 생각해 보자. 평면의 세로 방향이 시간이고 가로 방향이 공간이다. 이곳에서 공이 비스듬히 굴러가고 있다. 공이 제대로 굴러가려면 평면이 평평해야 할 텐데, 만약 평면 이곳저곳이 휘어져 있다면 어떨까? 공은 똑바로 굴러가지 못할 것이다.

우리는 시공간 속에 존재하므로 이를 외부 관점에서 바라보지 못한다. 즉 시공간 안에 있는 물체의 움직임밖에 보이지 않는다. 자연스럽게 움직이는 물체도 휘어진 시공간 속에서는 움직이는 모양 또한 휘어져 보일 수밖에 없다.

이것이 일반상대성원리에서 말하는 중력의 정체다. 중력은 무언가에 끌리는 힘이 아니라 시공간이 휘어져서 생기는 힘이라는 것이다.

그럼 물체끼리 서로 끌어당긴다는 만유인력의 법칙은 대체 뭐란 말인가. 이는 물체가 주변 시공간을 휘게 하기 때문이라고 설명할 수 있다. 어떤 물체 때문에 주변 시공간이 휘어지면 그 근처에 있는 다른 물체는 시공간의 휘어짐 때문에 중력을 느낀다. 이 중력은 물체가 서로 끌어당기는 방향으로 작용하므로 만유인력의 법칙이 성립했던 것이다. 단, 물체끼리 서로 직접 끌어당기는 것이 아니라 어디까지나 시공간의 휘어짐을 통해 힘이 작용한다.

시공간의 성질을 나타내는 수학

이런 설명을 말로만 들으면 잘 이해하기 힘들겠지만, 시공간의 성질은 수학을 이용해 정확하게 표현할 수도 있다. 바로 '리만 기하학'이라고 하는 휘어진 시공간을 다루는 수학이다.

리만 기하학은 일반상대성이론이 제창되기 전부터 존재했던 수학의 한 분야다. 리만 기하학이 생길 당시에는 아무도 이것이 현실 세계를 나타내는 수학이라고는 생각하지 못했다. 그저 순수한 사유의 결과물일 뿐이었으며, 대부분의 물리학자는 리만 기하학에 관해 알지 못했다.

아인슈타인도 처음에는 이를 몰랐고, 오랜 친구이기도 했던 수학자 마르셀 그로스만의 도움으로 리만 기하학을 습득했다. 아인슈타인은 1907년에 등가원리를 생각해 냈지만, 이를 수학적으로 정비된 구체적인 이론으로 만드는 데는 몇 년이나 더 시간을 들여야 했다. 결국, 일반상대성이론은 1916년에 완성되었다.

만약 그 당시에 리만 기하학이 없었다면 일반상대성이론이 나오기까지 더 오랜 세월을 기다려야 했을 것이다. 일반상대성이론과 리만 기하학을 함께 발명해야 했을 것이기 때문이다. 하지만 다행히도 리만 기하학은 이미 수학자가 준비해 놓은 상태였다. 원래는 단순한 호기심 때문에 진행되던 수학 연구가 예상하지도 못한 곳에서 놀라운 유용함을 발휘한 사례다.

이는 올바른
이론인가

||||||||||||||||||||||||||||

일반상대성이론이 옳은지 확인하다

———

이론적으로 일반상대성이론이 완성되었다고 해서, 실제로 그것이 옳은지는 아직 알 수 없다. 현실 세계에서 일반상대성이론이 성립하는지 확인해 봐야 한다. 그전까지 중력은 뉴턴이 발견한 만유인력의 법칙으로 충분히 설명할 수 있었다. 만약 일반상대성이론이 예언할 수 있는 중력 현상이 만유인력의 법칙이 예언하는 중력 현상과 똑같다면 일반상대성이론이 옳은지 그른지 확인할 방법이 없다.

그런데 일반상대성이론은 만유인력의 법칙을 거의 재현하지만, 조금 다른 부분도 있다. 중력이 약할수록 만유인력의 법칙과 일치하고,

반대로 중력이 강할수록 차이가 벌어진다. 지구 주변의 중력은 약한 편이므로 만유인력의 법칙이 정확하게 성립한다. 하지만 좀 더 중력이 강한 곳에서 일어나는 현상을 보면 두 가지 이론 중 어느 쪽이 옳은지 판단할 수 있을 것이다.

이에 딱 맞는 현상이 있었다. 바로 수성이 태양 주위를 공전하는 궤도 운동이다. 만유인력의 법칙을 이용해 수성 궤도를 세밀하게 계산해 보면 비록 작기는 하지만 절대 무시할 수 없는 오차가 생긴다.

행성은 태양 주위를 타원 궤도를 그리며 돌고 있는데, 그 궤도상에서 행성과 태양의 거리가 가장 가까운 장소를 근일점이라고 부른다. 근일점의 위치는 서서히 바뀌는데, 원인은 주로 다른 행성의 영향 때문이다. 이는 만유인력의 법칙으로 설명할 수 있었지만, 이상하게도 수성에 관해서는 원인을 알 수 없는 오차가 자꾸 나타났다.

수성은 태양과의 거리가 가장 가까운 행성이라 강한 중력을 받는다. 그래서 일반상대성이론의 효과도 가장 크게 나타난다. 만유인력의 법칙과 일반상대성이론의 차이를 확인하는 데 안성맞춤인 셈이다.

아인슈타인은 일반상대성이론을 완성함과 동시에 이를 이용하여 수성 근일점의 이동 거리를 계산했다. 그 결과 만유인력으로 설명할 수 없었던 오차를 완벽하게 설명해 냈다. 이로써 아인슈타인은 자신의 이론이 옳다는 확신이 들었다고 한다.

빛의 진로가 휘어진다

———

뉴턴이 제시한 만유인력의 법칙에서는 무게가 있는 물체에 직접 중력이 작용한다고 한다. 무게가 0인 물체에는 힘이 전혀 작용하지 않는다. 따라서 그러한 물체는 중력 때문에 진로가 휘어지지 않을 것이다. 가령 멀리서 날아온 입자가 별 근처를 스쳐 지나간다고 생각해 보자. 이 입자의 무게가 0이라면 별의 영향을 받지 않고 그냥 똑바로 나아갈 것이다.

하지만 일반상대성이론에서는 별 주변에 있는 시공간이 휘어져 있으므로 입자는 휘어진 시공간을 지나게 된다. 따라서 무게가 0이라 해도 똑바로 나아갈 수는 없으며, 진로가 다소 별 쪽으로 휘어진다.

이를 관측할 방법이 있다. 태양 주변을 스쳐 지나가는 다른 별빛을 관찰하는 것이다. 일반상대성이론에 따르면 별빛은 태양 주변에서 약간 진로가 휘어진 다음 지구에 도착한다. 즉 태양 근처에서 빛이 굴절하므로, 별이 원래 보여야 할 위치보다 태양에서 약간 벗어난 위치에 보일 것이다. 따라서 원래대로라면 태양 때문에 가려져서 보이지 않아야 할 별빛도 태양 표면 아슬아슬한 곳에서 보일 수 있다. 이는 마치 세로로 긴 찻잔에 물을 넣으면 빛이 굴절해서 원래 보이지 않는 찻잔 바닥이 보이는 것과 비슷한 현상이다.

아인슈타인이 영웅이 되다

뉴턴 역학도 빛이 휘어지는 현상을 예언할 수는 있다. 빛에 무게는 없지만, 뉴턴 역학에서는 무게가 없는 입자의 속도는 무한대가 되어 버린다. 빛의 속도는 무한대가 아니므로 빛도 아주 조금이나마 무게를 가지고 있지 않으면 앞뒤가 맞지 않는다. 다소 억지스럽기는 하지만, 그렇게 생각하면 뉴턴 역학과 만유인력의 법칙을 사용해도 빛이 태양 방향으로 휘어지는 현상을 예언할 수는 있다.

하지만 뉴턴 역학과 일반상대성 이론은 빛이 휘어지는 정도를 각각 다르게 예언한다. 뉴턴 역학이 예상하는 빛이 휘어지는 정도는 일반상대성이론의 딱 절반이다. 따라서 빛이 휘어지는 각도를 측정하면 일반상대성이론이 옳은지 그른지 확실하게 알아볼 수 있다.

별빛은 햇빛에 비하면 매우 약해서 태양 근처를 스쳐 지나오는 빛을 관측하기는 꽤 어렵지만, 일식 때라면 가능하다. 1919년에 영국 천문학자 아서 에딩턴이 이에 관한 유명한 실험을 했다. 에딩턴이 이끄는 관측 팀은 아프리카 서해안에 있는 프린시페섬에서 일식이 일어날 때 태양 근처의 별빛을 관측했다. 당시의 측정기술은 그리 정확하지는 않았지만, 일반상대성이론을 뒷받침하는 결과가 나왔다.

그 관측 결과는 신문과 잡지에서 크게 보도되었고, 아인슈타인은 과학 세계를 바꾼 영웅으로 칭송받았다. 아인슈타인은 갑자기 세상에서 가장 유명한 과학자가 된 것이다.

아름답고
매력적인 이론

||||||||||||||||||||||||||||||

특별한 존재

일반상대성이론은 리만 기하학이라는 추상적인 수학을 중심으로 구성되어 있어서 몹시 난해한 이론으로 유명하다. 에딩턴이 일반상대성이론을 비교적 빠른 시기에 이해하고 그 중요성을 설파하던 시절에는 이 이론을 이해하는 과학자가 세상에 몇 명밖에 없었다는 전설도 있다.

하지만 그것이 사실이었다고 해도, 천재밖에 이해할 수 없는 어려운 이론이었다는 뜻은 아니다. 당시에는 아직 리만 기하학을 아는 과학자가 많지 않았던 것뿐이다. 필요한 예비지식과 수학 이론을 습득하는

데 시간이 걸릴 뿐이지, 제대로 차근차근 공부하면 천재가 아니어도 이해할 수 있다.

아인슈타인은 물리학을 공부하는 사람, 특히 물리의 근본 원리에 관심이 있는 사람에게는 특별한 존재다. 아인슈타인을 동경해 물리학을 전공한 학생도 상당히 많을 것이다. 그런 학생에게는 일반상대성이론을 이해하는 일이 커다란 목표일 것이다.

일반상대성이론의 수학적인 구성까지 이해하고 나면 그 아름다움에 감탄하겠지만, 대학 저학년 수준의 지식으로는 힘든 일이다. 그런 높은 난이도 때문에 더욱 도전 정신에 불이 붙는 것일지도 모르겠다.

태산명동에 서일필?

아인슈타인이 일반인 사이에서 명성을 얻은 가장 큰 이유는 일반상대성이론이다. 하지만 아인슈타인이 살아있던 시절에는 이 이론의 진가가 제대로 발휘되지 못했다. 처음에야 뉴턴의 세계관을 깨부순 혁명적인 이론으로서 대대적으로 보도되었지만, 실제로는 일반상대성이론이 아니면 해명할 수 없는 물리학 문제가 상당히 적었던 것이다.

아인슈타인 자신이 직접 설명한 수성의 근일점 이동 문제도 일반상대성이론에 의한 효과는 1년에 0.4초(여기서 초는 각도의 단위로, 1초는 3,600분의 1도다)뿐이었다. 태양 근처를 스치는 빛이 휘어지는 정도도 각도로 따지면 2초가 조금 넘는 정도였다. 이는 당시 관측 기술로도 가까스로 측정할 수 있는 범위였는데, 다른 대부분의 천체 현상을 설명하는 데에는 군이 일반상대성이론을 쓸 필요가 없었다.

이론으로서는 매력적이었지만 그 당시에 하던 대부분의 관측과는 무관했으며, 실제 관측에는 그다지 유용하지 않다는 평가를 받았다. 그래서 "태산명동에 서일필(크게 떠벌리기만 하고 결과는 보잘것없을 이르는 말)"이라고 야유하는 사람도 있었다.

수학적 연구부터 진행하다

물리학 전체에서 보면 일반상대성이론은 주류 연구에서 멀리 떨어져 있는 분야였다. 그래서 이론적인 수학 구조를 조사하는 등의 연구가 꾸준히 진행되었다. 이론적으로 새로운 것을 발견하거나 고안해 냈다 해도 이를 확인할 수단이 없으면 참으로 난감하다. 그런데도 계속 연구가 진행될 정도로 일반상대성이론은 대단히 매력적인 이론이었다.

이처럼 일반상대성이론 연구는 일단 이론만으로 진행되었다. 현실 세계에 대한 응용은 나중 일로 미루어 두었다. 뭐니 뭐니 해도 일반상대성이론은 시공간이라는 모호한 것을 물리학적으로 연구할 수단을 제공해 준다. 인류의 근본적인 의문인 세계와 우주의 구조를 밝히는 데도 도움이 된다.

일반상대성이론은 일상에서는 상상할 수도 없는 극한 상황을 가정해야 효과가 나타난다. 그런 점도 커다란 매력이었다. 별이 극도로 무거워지면 블랙홀이 생기며 그곳에 빠지면 두 번 다시 돌아올 수 없다거나, 시공간이 뒤틀리면 먼 곳으로 순식간에 이동할 수 있다거나, 시

물리학은 처음인데요

간을 거슬러 올라갈 가능성이 있다는 등 꿈같은 현상을 일반상대성이론을 통해 연구할 수 있다. 당연히 사람들이 관심을 가질 만한 일이었다.

하지만 현실과의 연관성이 적으면 물리학의 주류 연구 분야가 되기는 힘들다. 일반상대성이론은 오랜 세월 동안 그런 약점을 지니고 있었다. 하지만 아인슈타인이 세상을 떠난 후 1960년대가 되자, 우주 관측 기술이 발전하여 중력이 큰 천체가 잇달아 발견된 덕에 일반상대성이론을 활용할 기회가 많아졌다.

미지의 세계에
응용하다

||||||||||||||||||||||||||||||

우주론에 응용하기

—

일반상대성이론이 완성되자 이를 미지의 세계에 응용하려는 연구가 바로 진행되었다. 우선 우주론에 응용하려는 시도가 이루어졌다. 우주론이란 우주 전체가 어떤 것인지 논하는 연구 분야다.

뉴턴 역학을 비롯한 기존 물리학에서 시공간은 오로지 다양한 사건과 물체가 차지하는 시각과 장소를 지정하는 용도로만 쓰였다. 하지만 일반상대성이론에서는 시공간 자체가 더 적극적인 의미를 지닌다. 그 자체가 휘어지고 변화하는 존재가 된 것이다.

그때까지만 해도 우주의 전체 구조란 우주 내부에 있는 천체와 물질의 구조를 가리키는 말이었다. 그런데 일반상대성이론 덕에 크게 시야가 넓어졌다. 만물을 품고 있는 시공간 자체의 구조를 연구 대상으로 삼을 수 있게 된 것이다.

현대 우주론의 기초

아인슈타인은 일반상대성이론을 완성한 이듬해에 바로 시공간의 전체 구조를 논하며 수학적으로 단순화한 우주를 생각해 냈다. 이는 '아인슈타인의 정지우주'라 불린다. 왜 정지우주냐면 우주가 전체로서 변화하지 않는다고 생각했기 때문이다.

잘 알려져 있다시피 사실 우주는 팽창하고 있으므로 실제로는 변화하고 있는 셈이다. 비록 잘못된 이론이었지만, 당시에는 우주가 팽창하고 있다는 증거를 발견하지 못했기에 어찌 보면 가장 자연스러운 생각이었다고도 할 수 있다.

아인슈타인 외에도 여러 학자가 일반상대성이론을 우주 전체에 적용했으며, 그 결과 아인슈타인과 달리 팽창하거나 수축하는 우주를 제시한 사람도 있었다. 아인슈타인은 처음에는 이들 이론에 반대했으나, 실제로 관측해 본 결과 우주가 팽창하고 있다는 사실이 밝혀진 후에는 자신의 정지우주가 잘못된 이론이었다고 인정했다.

그 후에도 우주론 연구는 실로 다양한 가설이 제안되고 반박되는 등 우여곡절을 겪었다. 그 결과 현대 우주론은 상당히 뛰어난 정확도로 관측 결과를 설명할 수 있는 정밀한 과학으로 성장했다. 그 바탕을 이루는 가장 중요한 부분이 바로 일반상대성이론이다.

블랙홀

일반상대성이론을 통해 나오는 결론 중 블랙홀은 대단히 유명하다. 블랙홀이란 아주 무겁고 작은 천체로, 중력이 너무나 강한 나머지 빛조차 밖으로 빠져나갈 수 없는 천체를 가리킨다.

일반상대성이론이 발표된 것과 같은 해인 1915년에 독일 천문학자 카를 슈바르츠실트는 별 주변의 시공간을 나타내는 일반상대성이론의 수학적인 해를 발표했다. 이 연구는 블랙홀의 가능성을 처음으로 드러냈다. 하지만 이는 결국 수학적인 해일 뿐, 현실에서 무엇을 의미하는지는 알 수 없었다. 아인슈타인은 블랙홀이 실제로 존재하지는 않을 것으로 예상했다.

하지만 커다란 별이 완전히 불타고 나면 자기 자신의 중력을 지탱할 수 없어서 매우 작은 크기로 수축한다. 이런 일을 피할 수는 없기 때문에 이론적으로 블랙홀이 실제로 존재하는 것이 아니냐는 목소리가 나오기 시작했다.

블랙홀 자체는 직접 관찰하기 어렵다. 빛나지 않기 때문이다. 하지만 강력한 중력은 주변에 큰 영향을 미친다. 가령 블랙홀 주변에 있는 물질이 밝게 빛날 때가 있다. 그리하여 현대에는 블랙홀이 있어야 적절하게 설명할 수 있는 수많은 현상이 발견되었고, 이는 사실상 블랙홀이 존재하는 증거인 셈이다.

중력파

———

아인슈타인은 일반상대성이론을 완성한 직후인 1916년에 시공간의 휘어짐이 공간적인 파동으로 전해진다는 내용을 일반상대성이론을 통해 이론적으로 유도해 냈다. 시공간이 고정된 뉴턴의 이론에서는 있을 수 없는 현상이다. 중력의 정체인 시공간의 휘어짐의 파동을 중력파라고 부른다.

중력파가 실제로 관측 가능한지 수많은 논쟁이 벌어졌다. 아인슈타인은 자기 생각을 의심한 나머지, 중력파가 수학적인 근사에 의한 허상일 뿐이라는 논문을 쓰려 했을 정도다. 하지만 연구자들이 이론적으로 세밀하게 검토한 결과, 중력파는 실재하는 파동이라는 결론이 나왔다.

중력파가 존재하더라도 우리에게 미치는 효과는 너무나 작아서 쉽사리 검출할 수 없다. 원리상으로는 중량이 있는 물체를 흔들기만 해도 중력파가 발생하지만, 그 세기가 매우 작아서 거의 아무런 영향도 주지 못한다.

우주 어딘가에서 매우 무거운 천체가 격하게 움직이면 아주 강한 중력파가 발생한다. 가령 중성자별이나 블랙홀이 합쳐지는 현상 등이다. 중성자별이란 별 전체가 원자핵이나 마찬가지인 극단적으로 무겁고 작은 천체다. 자칫하면 블랙홀이 될 수도 있지만, 간신히 그 전 단계에 머물러 있는 상태다.

이렇게 무거운 천체가 격렬한 현상을 일으킬 때 강한 중력파가 방출되지만, 지구에 도달할 때에는 매우 약해져 있다. 멀리서 난 소리가 작게 들리는 것과 같은 이치다. 그래도 지구상의 물체가 방출하는 중력파보다는 훨씬 강하므로 잘 측정하면 검출해 낼 수 있을 것이다.

실제로 검출된 중력파

1969년에 미국 물리학자 조지프 웨버가 처음으로 중력파를 검출하는 실험을 했다. 한때는 검출에 성공했다고 발표했지만, 결국 이는 사실이 아니었다. 당시에 쓰던 장치로는 감도가 부족했기 때문이다. 그 후에도 규모를 확대시켜 가며 중력파 검출 실험은 계속 시도되었지만, 오랜 세월 동안 시행착오를 겪어야 했다.

그리고 아인슈타인이 예언한 지 거의 100년 만인 2015년 9월에 미국 LIGO 실험 팀이 마침내 중력파를 검출하는 데 성공했다. 이 사실은 2016년 2월에 발표되었으며 전 세계에 크게 보도되었다.

중력파의 방출 패턴에 관해서는 그동안 이론적 연구가 충분히 진행됐는데, 실험 결과는 그중 한 패턴과 완벽하게 일치했다. 검출된 중력파가 어떠한 천체 현상으로 인해 방출된 것인지도 패턴을 통해 알아낼 수 있었다. 그 결과는 참으로 놀라웠다. 13억 광년이나 떨어진 장소에서 블랙홀 두 개가 합쳐지며 발생한 중력파라는 것이다.

그동안은 중력이 아주 강한 장소에서도 일반상대성이론이 정말로 옳은지 충분히 확인할 수 없었다. 그래서 비교적 중력이 약한 곳에서 뉴턴의 이론 때문에 생기는 아주 작은 오차를 설명하는 것만으로 만족해야 했다. 하지만 블랙홀이 합쳐지는 현상은 그러한 작은 오차와 차원이 다르다. 중력파의 존재뿐만 아니라 강한 중력 현상도 확인함으로써 일반상대성이론이 옳다는 사실을 다시금 증명해 낸 획기적인 발견이었다고 할 수 있다. 이 발견에는 확실하게 노벨상이 수여될 것이다.

08

물리학이
나아갈 길

낡은 우주관에서
새로운 우주관으로

양자론과 상대론이 뒤집힐 날은 올 것인가

지금까지 근대 물리학이 탄생한 경위부터 시작하여 물리학에 커다란 혁명을 일으킨 양자론과 상대론이 성립하는 과정을 살펴보았다. 양자론과 상대론은 20세기 초에 거의 완성되었다. 그 후에도 물리학은 눈부시게 발전하고 있지만, 기본적인 사고방식은 양자론과 상대론의 연장선에 있다. 즉 현대 물리학은 양자론과 상대론이라는 기초 위에 구성된 것이다.

돌이켜 보면 인간이 있는 장소를 중심으로 세계가 돌고 있다고 생각했던 낡은 우주관은 뉴턴의 우주관, 즉 우주 전체의 공통적인 시간과 공간에서 물체가 운동한다는 우주관으로 인해 뒤집혔다. 그 뉴턴의 우주관도 이번에는 양자론과 상대론으로 뒤집혔다.

양자론과 상대론을 바탕으로 하는 우주관은 현재도 유효하다. 그렇다면 언젠가 새로운 이론 때문에 오늘날의 우주관이 또다시 뒤집힐 날은 과연 올 것인가?

인간이 실험하고 관측할 수 있는 범위 안에서는 현재 우주관을 근본적으로 위협할 만한 요인이 아직 보이지 않지만, 앞으로도 계속 그러리라는 보장은 없다. 오히려 양자론과 상대론에는 아직 뭔가 부족한 것이 있다는 의견이 많다.

기존 우주관은 이해하기 쉽다

기존 우주관이 새로운 우주관으로 뒤집힌다고 해도 완전히 버려지지는 않는다. 일반적으로 오래된 우주관은 인간의 직감을 반영하기 때문에 비교적 이해하기 쉽다는 장점이 있다.

땅이 고정되어 있고 하늘이 회전한다는 설명은 인간에게 보이는 바를 그대로 표현한 것이기에 이해하기 쉽다. 실제로는 지구가 태양 주위를 돌고 있지만, 인간에게는 자기 주위를 하늘이 돌고 있는 것처럼 보이기 때문이다.

또한, 뉴턴의 우주관도 양자론과 상대론에 비하면 훨씬 이해하기 쉽다. 뉴턴 역학을 사용하면 간단히 풀 수 있는 문제도 양자론과 상대론을 이용해 풀려면 극단적으로 어려워 거의 풀 수 없는 수준이다. 뉴턴 역학은 여전히 우리 주변에서 일어나는 현상을 대단히 잘 설명해 낸다. 뉴턴 역학을 적용할 수 없는 특수한 상황을 분석할 때만 새로운 이론을 쓰면 될 일이다.

새로운 이론은 인간의 직관적인 이해와 충돌할 때가 많아서 무슨 일이 일어나고 있는지 상상하기가 어렵다. 특히 양자론에서는 그곳에서 어떤 현상이 일어나는지 거의 상상할 수 없다. 현대 물리학이 아니면 도저히 이해할 수 없다는 특수한 상황이 아닌 한, 고전적인 이론이 훨씬 더 알기 쉽고 정확하다. 또 문제를 풀기에도 용이하다.

다음에 올 이론이란

설사 양자론과 상대론에 바탕을 둔 오늘날의 우주관이 언젠가는 뒤집힌다 해도, 여전히 그 유용함은 변하지 않을 것이다. 그 새로운 우주관은 현재 우주관보다 더 다루기 어려울 것이므로 양자론과 상대론으로 풀 수 있는 문제는 계속 그렇게 푸는 편이 나을 것이다.

실제로 양자론과 상대론을 넘어서려는 이론적인 시도도 이루어지고 있는데, 보통 그러한 이론은 매우 난해하다. 만약 양자론과 상대론이 둘 다 성립하지 않는 영역이 있다면 그러한 어려운 이론을 적용해야 할 것이다.

양자론과 상대론을 뒤집을 만한 이론은 과연 어떤 것일까? 그 누구도 미래를 예언할 수는 없겠지만, 가능성을 생각해 보는 정도는 재미 삼아 해볼 만할 것이다.

이를 생각하기에 앞서, 양자론과 상대론을 응용하여 발전해 온 기초적인 물리학의 진전 상황에 관해 설명하겠다. 현대 물리학은 매우 다양한 분야로 나뉘어 있으므로 모든 것을 다 언급할 수는 없겠지만, 물리학 기본 법칙을 추구하는 데 주안을 두고 있는 기본 입자론과 우주론에 관해 현재까지 진전된 상황을 간단히 알아보도록 하겠다.

현대의
입자물리학

양자장론

현대 물리학에는 수많은 이론이 있고, 이들은 양자론과 상대론에 바탕을 두고 있다. 기초 물리학 분야에서는 양자론과 특수상대성이론을 기반으로 '양자장론'이 발전했다. 원래 양자장론은 전자기력을 양자론과 융합시키려는 시도에서 시작되었다. 양자역학은 본디 입자의 운동을 양자적으로 다루는 학문인데, 이를 전기장과 자기장 등 공간에 퍼져 있는 현상에도 적용하려고 한 것이다.

그리하여 양자론과 전자기학을 융합시킨 '양자 전기역학'이라는 이론이 만들어졌다. 이 이론은 특수상대성이론도 포함하며 실험 결과와도 매우 잘 맞아떨어지는 성공적인 이론으로 볼 수 있다. 양자 전기역학은 '양자장론'이라 불리는 이론 형식의 한 가지 사례다. 또한, 양자장론을 통해 원자핵 안에 있는 양성자와 중성자의 정체를 밝혀내기에 이르렀다.

양성자와 중성자는 각각 세 가지 쿼크로 이루어져 있다는 사실이 밝혀졌고, 그 쿼크가 어떠한 물리 법칙을 따르는지도 알려져 있다. 이에 관한 물리 법칙도 양자장론의 형태로 정리되어 있다.

우리 주변에 있는 물질은 한정된 종류의 기본 입자로 이루어져 있다

———

쿼크는 기본 입자의 일종이다. 더는 분해할 수 없는 입자를 기본 입자라고 한다. 한때는 양성자와 중성자가 기본 입자인 줄 알았던 시절도 있었지만, 실제로는 그렇지 않았다. 이들이 쿼크로 이루어져 있다는 사실이 밝혀졌기 때문이다.

기본 입자의 종류는 시대에 따라 바뀌어 왔다. 오늘날 기본 입자로 알려진 것은 쿼크, 전자, 광자, 중성미자 등이다. 물과 공기와 우리의 몸 등 일상적으로 살펴볼 수 있는 물질은 모두 몇몇 기본 입자로 이루어져 있다.

중성미자는 기본 입자지만, 다른 입자에 거의 영향을 미치지 않아서 매우 찾기 어려웠다. 중성자를 내버려 두면 자연히 양성자로 변화하는데, 이때 전자와 중성미자가 방출된다. 중성미자가 따르는 물리 법칙도 양자장론으로 기술되어 있다.

광자도 기본 입자다. 양자론에서 설명했듯이 미시 세계에서는 입자와 파동을 구분할 수 없다. 빛을 비롯한 전자기파가 파동처럼 보이는 이유는 입자의 성질이 드러나 보이지 않기 때문이다. 광자는 전자와 부딪치면 서로 에너지를 주고받는다. 가령 사람 눈에 들어온 광자는 망막 세포에 있는 전자와 부딪치고, 그때 주고받은 에너지가 전기 신호의 형태로 뇌에 전달되면 우리는 사물을 볼 수 있다.

광자와 비슷한 기본 입자로는 글루온, W입자, Z입자 등이 있다. 이들은 광자와 함께 게이지 입자라고도 불리며, 다른 기본 입자 사이에서 힘을 전달하는 성질이 있다. 또한 힉스 입자라는 것도 있다. 힉스 입자는 1964년에 이론적으로 예언되었고, 이후 대략 50년 정도 지난 2012년에 처음 발견되었다. 힉스 입자는 광자를 제외한 모든 기본 입자에 질량을 부여한다는 특별한 성질을 지닌 기본 입자다.

기본 입자의 성질은 매우 잘 연구되어 있다

이상이 우리가 알고 있는 모든 기본 입자다. 그 밖에도 암흑물질 입자나 중력자 등 이론적 가설에 바탕을 둔 입자가 알려져 있지만, 이들은 아직 실험으로 확인되지 않았다.

우리가 알고 있는 세계는 모두 여태까지 언급한 기본 입자만으로 이루어져 있다. 그리고 이들 기본 입자가 무엇이며 어떤 물리 법칙을 따르는가는 20세기 후반에 만들어진 기본 입자의 표준 모형으로 정리되어 있다. 이 표준 모형은 양자장론을 기반으로 만들어진 것으로, 수없이 많은 검증 실험을 통해 타당성이 입증되어 있다.

기본 입자의 표준 모형과 모순되는 실험 결과는 아직 나타나지 않았다. 표준 모형으로 설명하지 못하는 실험 결과가 나왔다는 소식도 여러 번 있었지만, 모두 실험이 잘못된 것으로 결론이 났다.

만약 표준 모형으로 도저히 설명할 수 없는 현상이 실제로 발견된다면, 이는 표준 모형을 넘어서야 한다는 뜻이므로 또 새로운 이론이 전개될 것이다. 그래서 연구자는 온 힘을 다해 그런 현상을 찾아내려 한다. 하지만 표준 모형은 매우 탄탄한 이론이라서 아직은 그러한 현상을 찾아내지 못하고 있다.

입자물리학 실험에는 대단히 큰 에너지가 필요하다

입자물리학은 20세기에 크게 발전했는데, 그 원동력은 바로 대규모 실험이었다. 원자핵 내부는 무엇으로 이루어져 있는지, 무엇이 기본 입자인지, 이들은 어떤 물리 법칙을 따르는지 등의 의문을 해결하려면 입자에 큰 충격을 주는 실험을 해야 한다. 그 실험 결과를 분석하여 기본 입자의 세계에서 무슨 일이 일어나는지 재구성하는 것이다.

기본 입자 중에서도 쿼크 등은 평소에 원자핵 내부에 존재하므로, 입자에 아주 강한 충격을 주지 않으면 그 존재를 들여다볼 수도 없다. 입자를 엄청난 속도로 충돌시키려면 아주 큰 에너지로 가속해야 한다. 이때 입자를 가속하는 장치가 바로 입자 가속기다. 입자물리학을 발전시키려면 큰 에너지를 가할 수 있는 대형 입자 가속기가 필요했다.

규모가 커지는 입자물리학 실험

그리하여 물리학의 기본 법칙을 파악하기 위해 입자 가속기 개발이 진행되었다. 큰 에너지를 가하려면 입자 가속기의 규모도 커야 한다. 1930년대에 입자 가속기 개발이 시작되었을 때는 크기가 몇 미터밖에 되지 않아 실험실 안에 들어갈 정도였다. 그러나 점점 규모가 커지면서 수 킬로미터에 달하는 입자 가속기가 만들어지기 시작했다. 이에 따라 예산도 늘어나서 건설비용만으로 수천억 원이 들기도 한다.

1980년대에는 둘레가 87km나 되는 원형 입자 가속기인 초전도 초충돌기Superconducting Super Collider, SSC를 만드는 계획이 있었다. 미국 텍사스주에서 건설하기 시작했지만, 지나치게 큰 예산을 감당하지 못하여 1993년에 건설이 중단됐고 결국 계획은 무산되고 말았다.

현재 세계에서 가장 큰 입자 가속기는 스위스 제네바 근교에 있는 유럽 입자 물리 연구소CERN의 대형 강입자 충돌기Large Hadron Collider, LHC다. 이것은 둘레가 27km인 원형 입자 가속기로, 인류 사상 최대의 에너지로 양성자 2개를 정면충돌시킬 수 있다. 예산은 약 5조 원에 이르고, 세계 여러 국가의 국제 공동 연구를 위해 운용되고 있다. LHC를 통해 얻은 중요한 성과로는 2013년에 힉스 입자를 발견한 일을 들 수 있다. 힉스 입자는 기본 입자의 표준 모형에서 예언된 입자 중 가장 마지막에 발견되었다. 이로써 표준 모형이 완전히 옳다는 사실이 확인되었다.

양자론과
중력

양자론과 일반상대성이론은 잘 어울리지 못한다

기본 입자의 표준 모형은 실험 결과를 설명한다는 의미로는 정말 훌륭한 이론이다. 그렇다고 더 연구할 거리가 없는 것은 아니다. 표준 모형이 성립하는 이유는 아직 실험할 수 있는 범위가 좁기 때문이다. 그 범위를 넘어서면 확실하게 문제가 생길 것이라는 점이 이미 알려져 있다.

이를 뒷받침하는 여러 근거가 있는데, 가장 큰 이유는 표준 모형에서 중력을 잘 다루지 못하기 때문이다. 일반상대성이론에 따르면 중력은 시공간이 휘어진 결과로 발생한다. 그런데 기본 입자의 표준 모형으로는 시공간의 휘어짐이 기본 입자에 끼치는 영향을 충분히 설명하지 못한다.

　표준 모형이 중력을 다루지 못하는 근본적인 이유는 양자론과 일반상대성이론이 서로 별개의 이론인 데다 잘 어울리지 못하기 때문이다. 그래서 양자론과 일반상대성이론을 동시에 다뤄야 하는 상황에서는 어느 쪽이나 불완전한 설명밖에 하지 못한다. 이는 이론적으로 아주 만족스럽지 못한 상황이다.

실험 가능한 범위를 벗어나 있다

그런데 아무리 노력해도 우리가 두 이론을 동시에 다뤄야 할 만한 상황에 맞닥뜨릴 일은 없다. 왜냐하면 양자론의 효과는 미시 세계에서 현저해지는 한편, 일반상대성이론의 효과는 거시 세계에서 현저해지기 때문이다. 기본 입자의 성질 등을 알아보는 미시 세계의 실험에서는 일반상대성이론의 영향을 무시할 수 있고, 시공간의 휘어짐을 알아보는 거시 세계의 실험에서는 양자론의 영향을 무시할 수 있다. 현시점에서는 두 이론이 동시에 영향을 미칠 만한 상황을 만들어 내어 실험하는 일이 불가능하다.

　하지만 원리적으로는 미시 세계에서도 일반상대성이론의 효과가 현저하게 나타날 때가 있다. 바로 매우 큰 에너지가 집중되어 있을 때다. 에너지는 질량과 같은 것이라서 그 자체가 시공간을 휘어지게 만든다. 미시 세계에서 막대한 에너지가 집중되면 시공간이 심하게 휘어지므로 기본 입자의 세계에서도 일반상대성이론의 영향을 무시할 수 없게 된다.

그런 상황을 만들어 내려면 엄청난 에너지를 매우 작은 영역에 집중해야 한다. 이것이 얼마나 말도 안 되는 일이냐면, 예를 들어 10조 개의 은하가 10억 년간 방출하는 모든 빛 에너지를 양성자 하나만큼의 크기 속에 집중해야 하는 식이다. 인간의 능력으로 할 수 있는 실험 범위에서 크게 벗어나 있음을 알 수 있다.

아주 옛날 우주에서

하지만 현재 우주에서 힘든 일일지라도 옛날 우주라면 상황이 다르다. 우주는 계속 팽창하고 있다. 반대로 말하면 과거로 갈수록 우주는 작아진다는 뜻이다. 이론적으로는 한없이 크기가 작아지며, 그 안에 지금 보이는 범위의 우주 전체가 들어있다. 그런 상황에서는 아까 언급한 어마어마한 에너지가 좁은 영역에 집중되어 있었을 것이다.

이는 우주가 태어난 직후의 상태이며, 그 상태를 이해하려면 우주 자체가 어떻게 시작되었는지 알아야 한다. 우주 자체의 기원에 관한 수수께끼는 위에서 언급한 극단적인 우주 속에 숨어 있다.

즉, 우주의 기원을 밝혀내려면 양자론이나 일반상대성이론만으로는 불가능하다는 것이다. 이 두 가지를 함께 기술할 수 있는 이론이 필요하지만, 그런 이론은 아직 존재하지 않는다.

미완성인 양자 중력 이론

양자론과 일반상대성이론을 부분적으로만 포함하는 불완전한 이론으로는 부족하다. 현재 우리가 알고 있는 것은 그러한 불완전한 이론들뿐이다. 가령 약한 중력 속에서의 양자장론은 현재도 존재하며, 그러한 이론이라면 비교적 신뢰할 만하다. 하지만 시공간의 휘어짐이 커지면 그것도 소용없다.

우리에게 필요한 것은 시공간의 휘어짐을 완전히 양자적으로 다룰 수 있는 이론이다. 하지만 그러한 이론을 형식적으로 만들어 봐도 수학적인 모순이 생겨서 유의미한 예언을 할 수 없는 무가치한 이론이 되고 만다.

중력을 완전히 양자적으로 다루는 이론을 '양자 중력 이론'이라고 한다. 현시점에서 이는 다양한 시도의 집합체이고, 그림의 떡이나 마찬가지다. 그러한 완전한 이론이 존재한다는 보장은 없다. 현재 우리가 가지고 있는 최선의 기초 물리학은 양자론과 상대론이다. 그리고 이 두 가지 이론은 아직 통일되어 있지 않다. 이를 별개로 다루는 한 우리는 자연계의 진실에 도달했다고 보기 어렵다.

중력을
양자화할 수 있는가

정공법이 통하지 않는다

양자 중력 이론에는 다양한 접근 방식이 있다. 그중에서도 정공법은 입자의 운동에 양자론의 원리를 적용하여 슈뢰딩거 방정식을 얻은 것과 똑같은 절차를 거치는 방식이다. 실제로 양자장론은 그런 식으로 만들어진 이론이다. 이 방법으로 잘 해결되었으면 좋았겠지만, 아쉽게도 중력은 전기장·자기장과 본질적으로 다른 성질을 지니고 있어서 즉시 난관에 부딪혔다. 제어할 수 없는 무한대가 잇달아 나타나서 의미 없는 이론이 되어 버린 것이다.

이론에 무한대가 나오는 것 자체는 사실 문제가 아니다. 양자장론에서도 무한대가 나오지만, 이는 이론적으로 제어할 수 있기에 이론 내부에 밀어 넣을 수 있다. 관측할 수 있는 양을 예언할 때는 반드시 유한한 값만 나타난다. 이것이 '재규격화'라고 불리는 수법이다.

하지만 중력에는 재규격화가 통하지 않는다. 제어 불가능한 무한대가 계속 나타나 수습할 수 없게 되어 버린다. 즉 의미 있는 물리적 예언을 할 수 없는 이론이 된다는 뜻이다. 이처럼 단순히 양자장론과 같은 방식으로 이론을 구축하려는 시도는 실패했다.

따라서 일반적인 양자장론과는 다른 방향으로 접근해야 한다. 끈 이론, 루프 양자 중력 이론, 격자 중력 이론 등 다양한 아이디어가 나왔으며 활발하게 연구가 진행되고 있다. 연구의 중간 단계를 보면 흥미로운 진전도 많아서 다양한 이론이 발견되고 있다. 가령 우리가 보고 있는 세계는 겉보기일 뿐이며, 다른 세계의 현실이 스크린에 투영되듯이 보일 뿐이라는 아이디어도 있다. 이 아이디어는 홀로그래피 원리라고 불리며, 최근에는 이에 관한 수학적인 연구도 활발하게 이루어지고 있다. 이렇게 다양한 이론적 시도가 이루어지고 있지만, 아직 어느 이론도 중력을 완전히 양자화해서 다루지는 못하고 있다. 최종적으로 어떤 결론이 날지는 여전히 예상하기 힘든 상태다.

이론적인 고찰만으로 진실에 도달할 수 있는가

현재 연구되고 있는 양자 중력 이론들은 모두 수학적인 접근 방식을 취하고 있다. 다시 말해 양자론과 일반상대성이론을 포함하는 수학적으로 모순 없는 이론을 만드는 일을 목표로 삼고 있다. 원래 물리학 연구에서는 실험 결과를 확인하면서 이론을 구축하는 편이 좋다. 하지만 아까도 언급했듯이 인간의 능력으로는 중력에 양자론을 적용하는 상황을 만들어 낼 수 없다. 그래서 이론만으로 연구를 진행해야 하는 상황이다.

이론적인 고찰만으로 진실에 도달할 수 있을지는 알 수 없다. 주로 이론적인 고찰을 통해 새로운 이론에 도달한 사례가 바로 상대성이론이다. 이는 뉴턴 역학과 맥스웰 방정식 사이에 있는 모순점을 해결하기 위한 이론적 고찰 속에서 태어난 이론이다.

사실상 상대성이론은 아인슈타인이라는 천재 한 사람이 만들어 낸 이론이라고 볼 수 있다. 물론 이 이론이 정말로 현실 세계를 바르게 나타내는지 확인하기 위해서 실험을 통한 검증을 거쳐야 했지만, 현재까지 모든 검증 실험을 잘 통과했다.

한편으로 양자역학은 실험 없이는 만들어 낼 수 없었던 이론이다. 실험으로 제시된 기묘한 사실을 어떻게든 이해하려고 시행착오와 우여곡절을 겪은 결과 만들어진 것이다. 상대성이론과는 반대로 수많은 사람이 다양한 아이디어를 내놓으며 완성한 이론이다. 실험 결과가 없으면 받아들이기 힘들 정도로 기묘하고, 인간이 이해하기 어려운 논리의 비약이 난무하는 세계다.

문제 자체가 잘못되었을 가능성

중력의 양자화라는 문제는 상대성이론처럼 이론적 고찰만으로 해명할 수 있을지도 모르고, 혹은 양자역학처럼 인간이 받아들이기 힘든 논리의 비약을 거쳐야 할 수도 있다. 전자라면 현재 진행 중인 연구의 연장선에 답이 있을 것이다. 후자라면 어떻게든 중력의 양자적 효과에 관한 단서를 찾을 수 있을 만한 혁신적인 실험 방법을 생각해 내야 한다.

혹은 애초에 문제 자체가 잘못되었을 가능성도 전혀 없지는 않다. 가령 전자기파를 매개하는 물질인 에테르의 성질을 해명하려 한 적이 있었는데, 사실 에테르는 존재하지 않으므로 문제 자체가 잘못된 셈이었다. 만약 이러한 상황이라면 중력을 다른 힘처럼 양자화 하면 될 일이 아니라 근본적인 전제부터 다시 생각해야 할 것이다.

성급하게 답을 찾으려 해서는 안 된다

현재로서는 모든 가능성이 열려 있기에 지나치게 낙관하거나 비관할 필요는 없다. 우리는 아직 진실에 이르지 못했다. 이러한 어려운 문제는 금방 해결할 수 없는 법이므로 긴 안목으로 봐야 한다.

애초에 중력을 양자화 한다는 문제는 양자역학이 생긴 직후인 1930년대부터 연구되기 시작했다. 그 후로 80년 이상 연구가 진행됐지만, 여전히 해결되지 않고 있다.

하지만 과학의 기초 연구는 성급하게 답을 구한다고 성과를 얻을 수 있는 문제가 아니다. 혁신적인 이론이 갑자기 나타난 것처럼 보이더라도, 이는 꾸준히 쌓아 올린 연구라는 언덕 위에 핀 꽃이다. 그곳에 이르려면 다양한 시행착오와 어둠 속에서 길을 찾는 노력을 해야 한다.

연구 방법은 절대 하나만 있는 것이 아니다. 다시 말해 무엇이 가장 좋은 방법인지 미리 알 수 없다는 뜻이다. 처음에는 아주 유망하게 보이던 이론이 결국에는 실패할 때도 있고, 반대로 엉뚱하게 보이던 이론이 본질을 정확하게 찌를 때도 있다.

물론 유망한 이론이 그대로 잘되기도 하고 별 볼 일 없어 보이는 이론이 그대로 묻히기도 한다. 한마디로 미리 결과를 알 수 없다는 소리다. 유망해 보이는 이론에는 수많은 연구자가 관심을 보이지만, 과학적 사실은 다수결로 정해지는 것이 아니다. 진실이 어디에 있는지는 아무도 모른다. 따라서 자유로운 발상으로 다양한 연구가 이루어져야 한다.

우주와 미지의
물리 법칙

대폭발 우주는 고에너지 상태

지상에 거대한 입자 가속기를 건설하여 고에너지 현상을 만들어 내서 실험하는 방법은 큰 성공을 거두었다. 그러나 앞으로도 그 방법에만 의존할 수는 없다. 인류가 기초 과학에 할당할 수 있는 예산 안에서 실험해야 한다는 제약이 있기 때문이다.

지상에서 만들어 낼 수 있는 에너지에는 한계가 있지만, 우주로 눈을 돌리면 새로운 지평이 열린다. 현재 우주는 매우 광활해서 거의 아무것도 없는 공간 속에 드문드문 천체가 존재한다. 하지만 우주는 계속 팽창하고 있다. 즉 과거에는 텅텅 빈 공간이 아니었다는 뜻이다.

옛날 우주는 대단히 작았고, 그곳에 현재 있는 모든 물질이 포함되어 있었다. 물질을 좁은 곳에 밀어 넣으면 온도가 높아진다. 옛날 우주는 현재와 비교할 수 없을 정도로 온도가 높은 뜨거운 우주였다. 이러한 뜨거운 우주가 팽창하여 차갑게 식은 결과 오늘날의 우주가 되었다. 온도가 높았던 우주 초기 상태를 대폭발 우주라고 부른다. 온도가 높다는 말은 입자가 지닌 에너지가 크다는 뜻이다. 즉 과거 대폭발 우주에서는 엄청난 고에너지 상태가 실현되어 있었다.

대폭발 우주에서는 시간을 거슬러 올라갈수록 온도가 높아지고 입자의 에너지도 커진다. 그러한 우주에서 무슨 일이 벌어졌는지 이해하려면 매우 큰 에너지를 지닌 입자가 어떤 성질을 지니는지 알아야 한다. 즉 우주의 기원에 접근하려면 물리학의 기초 법칙이 꼭 필요하다는 뜻이다.

10의 -12승 초 이전

기본 입자의 표준 모형은 지상에서 입자 가속기로 만들어 낼 수 있는 최대 에너지의 범위 내에서만 확실하게 옳다고 확인된 이론이다. 이를 우주가 시작된 이후의 시간으로 환산하면 0.000000000001초, 다시 말해 10의 -12승 초다. 그 이후의 우주에서는 표준 모형이 기본 법칙으로 성립한다.

표준 모형은 초기 우주가 어떤 상태였는지 알려준다. 현재 우주는 구조가 매우 복잡해서 기본 법칙을 안다 해도 그곳에서 무엇이 일어나는지 도저히 파악할 수 없다. 하지만 초기 우주는 복잡한 구조가 아니었기에 기본 법칙만으로도 상당히 많은 것을 알 수 있다. 초기 우주는 어느 곳이나 다 비슷한 상태였다 보니 어떤 입자가 있었고 어떠한 상호 작용을 하는지만 알아내면 그것이 그대로 우주 전체의 특징이나 다름없다.

10의 -12승 초 이후의 우주에 관해서는 우주가 아직 단순한 상태를 유지하고 있었던 시기에 한해, 표준 모형으로 거의 해명할 수 있다. 하지만 그 너머에 있는 고에너지 상태는 표준 모형이 성립하지 않는 영역이므로, 그곳에서 무슨 일이 벌어지고 있었는지 이론만으로 확실하게 알 수 없다.

10의 -12승 초란 너무나 짧은 시간이라 우리의 감각으로는 0이나 마찬가지지만, 그래도 이 시간이 없었으면 우리의 우주는 존재하지 않았을 것이다. 바꿔 말하면 이 짧은 시간 속에 우주의 모든 비밀이 응축되어 있는 것이다. 우주의 모든 기원이 그곳에 있다.

이론적으로는 표준 모형을 넘어선 고에너지 상태를 나타낼 수 있는 가설적인 이론을 이것저것 생각해 낼 수는 있다. 그러한 이론이 정말로 올바른 물리 법칙인지는 지상의 실험으로는 확인할 수 없다. 하지만 우주 초기에는 지상에서 실험할 수 없을 정도로 높은 에너지 상태였기 때문에 그러한 가설적인 이론을 우주의 초기 상태에 적용해 보면 된다. 그때 엉뚱한 일이 벌어져서 우리가 아는 우주가 만들어지지 못한다면 그 이론은 옳지 않다는 뜻이다.

빛으로 볼 수 있는 가장 먼 우주

초기 우주를 직접 관찰할 수는 없다. 따라서 아득히 먼 과거의 우주가 남긴 흔적을 현재 우주 안에서 찾아야 한다. 다행히 우주에서는 먼 곳을 관측하는 일이 곧 과거를 관측하는 일이나 마찬가지다. 정보는 빛의 속도보다 빨리 전달될 수 없으므로, 먼 곳에서 온 정보일수록 옛 우주의 정보라고 할 수 있다.

현재 빛으로 볼 수 있는 가장 먼 장소는 우주가 시작된 지 37만 년 후의 우주다. 그 이전의 우주는 빛이 물질에 가로막혀 똑바로 나아갈 수 없으므로 관측할 수 없다. 이는 마치 구름이 껴서 해가 보이지 않는 것과 같아서, 37만 년 전의 우주를 '맑게 갠 우주'라고 한다.

우주가 개서 똑바로 나아갈 수 있게 된 빛은 그대로 138억 년 동안 우주를 직진하여 마침내 지구에 도달했다. 이것이 '우주 마이크로파 배경'이라 불리는 것으로, 1965년에 발견되었다. 이는 우주에서 대폭발이 일어났다는 직접적인 증거기도 하다.

그 후로 우주 마이크로파 배경 관측이 상세하게 이루어졌다. 특히 2009년에 쏘아 올려 2013년까지 운용된 관측위성 플랑크Plank는 전에 없이 정밀하게 우주 마이크로파 배경을 측정해 냈다. 우주 마이크로파 배경에는 맑게 갠 우주 이전의 정보가 풍부하게 담겨 있다. 그래서 초기 우주에 관한 상세한 정보를 얻을 수 있었다.

우주 초기 요동이 커다란 정보원

맑게 갠 우주, 다시 말해 시작된 지 37만 년 된 우주에서는 충분히 기본 입자의 표준 모형이 성립하므로, 그 시점의 정보를 통해 직접 미지의 물리 법칙에 관한 정보를 얻지는 못한다. 만약 직접 그 정보를 얻으려면 우주가 시작된 지 10의 -12승 초 이전을 봐야 한다. 따라서 그 시절의 흔적은 우주 마이크로파 배경과 기타 관측 결과 속에서 찾아야 한다.

현재 우주에 있는 물질 구성이나 우주의 구조를 만들어 내기 위한 밀도 차이 속에는 우주가 막 시작된 시점의 흔적이 포함되어 있다. 우주 마이크로파 배경이 초기 우주를 조사하는 데 유용했던 주된 이유는 초기 우주의 밀도와 관련 있다. 우주 마이크로파 배경은 방향에 따라 약간의 차이가 있다. 이는 맑게 갠 우주에서 장소에 따라 온도가 달랐음을 반영하고 있으며, 이를 '온도 요동'이라고 한다. 온도 요동의 기원은 우주 초기에 있었던 약간의 밀도 차이다.

또한 우주 초기에 있었던 약간의 밀도 차이는 먼 훗날인 현재 우주에서 보이는 다양한 구조인 은하, 별, 행성 등이 만들어진 원인이기도 하다. 이러한 최초에 있었던 약간의 밀도 차이를 우주의 '초기 요동'이라고 한다. 초기 요동의 양상이 바로 우주를 이해하기 위한 중요한 정보원이다.

우주의 초기 요동은 10의 -12승 초 이전의 우주에서 생긴 것으로 보인다. 그래서 초기 요동을 분석하는 것이 곧 미지의 물리 법칙을 모색

할 유력한 수단이 된다. 입자 가속기를 이용해 직접 물리 법칙을 알아보는 것에 비해 이 방법은 간접적이라서 다소 답답한 면도 있다. 하지만 입자 가속기 거대화의 한계에 부딪힌 현 상황을 타파하기 위한 대체 연구 수단으로서는 유망하다고 볼 수 있다.

유망한 가설

우주의 초기 요동이 어떻게 생겼는지에 관해서는 다양한 가설이 있는데, 현재 가장 유력한 설은 양자의 요동이 기원이라는 내용이다. 특히 우주가 시작된 직후, 구체적으로는 10의 -38승 초 시점까지 우주가 엄청난 급팽창을 했다는 설이 있다. 이를 우주의 급팽창 이론이라고 한다. 만약 실제로 급팽창이 일어났다면 우주가 왜 이렇게 광대하며 어느 곳에서나 모습이 비슷한지, 다시 말해 그 밖의 가설로는 설명하기 힘든 우주의 여러 성질을 자연스럽게 설명할 수 있다는 이점이 있다. 그래서 현시점에서 가장 유망한 가설이다. 다만 급팽창 이론은 현재 확립된 기본 입자의 표준 모형을 이용한 예언이 아니므로, 급팽창의 원인은 미지의 물리 법칙 속에서 찾아야 한다.

만약 급팽창이 일어났다면 최초에 우주가 다소 불균일했더라도 급격한 팽창 때문에 전체적으로 균일해지고, 최종적으로는 모든 장소가 다 비슷한 대단히 일관적인 우주가 완성된다. 하지만 양자의 불확정성 때문에 완전히 균일해지지는 못해서, 극히 미세한 비일관성이 생긴다.

이 양자 요동이 우주의 초기 요동을 만들어 냈으며, 그 후에 우주에서 만들어진 다양한 구조인 은하와 별 등의 기원이라는 것이 현재 이론적으로 가장 유망한 가설이다. 이 가설이 정말로 우주의 진실인지는 아직 확정되지 않았지만, 이 가능성을 검증하는 일이 향후 우주론 연구의 커다란 목표 중 하나다.

우주 관측을 통한 이론 선별

만약 급팽창 중의 양자 요동이 우주의 초기 요동의 기원이라면, 우주의 초기 요동을 조사하는 일이 곧 급팽창의 원인을 찾는 일로 이어진다. 급팽창이 있었다 해도 그 원인은 아직 특정되지 않았다. 미지의 물리 법칙에 의한 일이기 때문이다.

급팽창이 만들어 낸 양자 요동의 성질은 급팽창의 원인에 따라 다르다. 그래서 초기 요동을 예언하는 이론 중 우주 마이크로파 배경의 온도 요동이나 현재 우주와 맞지 않은 이론은 즉시 부정할 수 있다. 그리하여 현재는 급팽창이 있었다고 가정했을 때, 그 원인을 우주 관측을 통해 어느 정도 선별할 수 있게 되었다.

이처럼 우주를 상세하게 관측하는 일은 미지의 물리 법칙을 탐구하기 위한 유용한 수단이다. 우주 관측은 입자 가속기 실험과는 달리 자유롭게 상황을 제어할 수 없다. 따라서 되도록 상세하고 정밀한 정보를 대량으로 모아야 한다. 정보를 대량으로 축적하면 모든 관측 결과와 들어맞는 이론을 효율적으로 선별할 수 있게 된다. 이는 향후 연구에서 해야 할 과제로 남아 있다.

물리학의
미래

환원주의는 만능이 아니다

이 책에서는 물리학을 기본 법칙 탐구라는 시점에서 살펴봤다. 사실 이는 지나치게 단순한 관점이라는 문제도 있다. 앞에서도 여러 번 언급했다시피 기본 법칙을 알아냈다 해도 현실에서 일어나는 현상을 모두 이해했다고 볼 수는 없다. 기본 입자가 모두 기본 법칙에 따라 움직이고 있다 해도, 실제 현실 세계는 수없이 많은 입자가 모여 이루어져 있다. 그곳에서 일어나는 다양한 현상을 기본 법칙만으로 모두 설명할 수는 없다.

아무리 복잡한 현상이라도 따지고 보면 기본 입자의 움직임으로 환

원시킬 수 있으므로 기본 입자의 법칙을 알아내면 모든 현상을 알 수 있다는 것은 지나치게 단순한 생각이다. 이런 사고방식은 물리학의 '환원주의'라고 불리며 이를 부정적으로 바라보는 사람도 많다.

원리적으로는 확실히 수많은 기본 입자의 움직임을 기본 법칙만으로 설명할 수는 있다. 하지만 그 과정에서는 방대한 계산이 필요하다. 조금 입자가 늘어나기만 해도 현실적인 시간 내에는 정확히 계산할 수 없게 된다. 기본 법칙으로 현실의 복잡한 현상을 모두 정확하게 설명한다는 것은 비현실적인 것이 아니라 아예 불가능한 일이다. 기본 입자가 따르는 기본 법칙을 안다고 해서 세계의 모든 것을 이해한다고는 할 수 없다.

모든 것은 서로 복잡하게 얽혀 있다

현대 물리학은 연구 대상에 따라 매우 다양한 분야로 나뉘어 있다. 기본 입자와 기본 법칙을 탐구하는 분야는 입자물리학이다.

원자핵은 몇몇 기본 입자로 이루어져 있지만, 그래도 원자핵의 거동은 쉽게 이해할 수 없다. 조금 입자의 개수가 늘어난 것만으로도 서로 복잡하게 연관되어 버려서 전체적으로 보면 기본 법칙만으로는 쉽게 예언할 수 없는 움직임을 보인다.

원자핵과 전자로 이루어진 원자도 마찬가지다. 양성자와 전자 하나로 이루어진 수소 원자는 양자역학을 통해 수학적으로 엄밀한 해로 정확히 나타낼 수 있다. 하지만 전자를 2개 지니는 헬륨 원소만 봐도 수학적으로 엄밀한 해를 구할 수 없다. 탄소와 산소 등 전자를 여러 개 지니는 원자는 당연히 더 어렵다. 원자가 아닌 분자에 관해서는 상당히 귀찮은 양자역학 방정식을 간신히 근사적으로만 풀 수 있다. 따라서 수없이 많은 원자와 분자로 이루어진 물질의 거동을 기본 법칙으로 모두 설명한다는 것이 얼마나 비현실적인 일인지 알 수 있다.

기본 법칙으로는 예상할 수 없는 현상

게다가 입자가 수없이 모인 물질의 거동은 입자 자체의 법칙과는 무관할 때가 많다. 가령 열 현상을 다루는 '열역학'이라는 분야가 있다. 열역학은 어떤 물질에서든 성립한다. 즉 물질이 어떤 입자로 구성되어 있든, 그 입자가 어떤 기본 법칙을 따르든 상관없이 성립한다.

또한 기체와 액체 등 흐르는 성질을 지닌 물질의 거동을 다루는 '유체역학'이라는 분야가 있다. 유체역학에서도 대상 물질이 무엇으로 이루어져 있든 어떤 기본 법칙을 따르든 상관없이 성립한다.

이처럼 기본 법칙과 상관없이 수많은 입자가 모임으로써 보편적으로 성립하는 물리 법칙도 존재한다. 이러한 법칙은 각 입자에 대한 기본 법칙으로는 예상하기 어려운 현상을 나타내고는 한다. 즉 물리 법칙 중에는 구성 요소가 따르는 법칙과는 직접적인 관계가 없는 것이 존재한다는 뜻이다. 기본 법칙만 알고 있으면 세상 모든 것을 다 알 수 있다는 단순한 사고방식으로는 이런 현상을 이해할 수 없다.

물리학은 처음인데요

기본 법칙 탐구에는 끝이 없다

———

모든 일의 근본이라 할 수 있는 기본 법칙 탐구라는 목표에는 끝이 없어 보인다. 물리 법칙이란 소수의 법칙으로 다양한 현상을 설명할 수 있는 것을 가리킨다. 현대 물리학 이전에는 뉴턴 역학의 운동 방정식, 만유인력의 법칙, 맥스웰 방정식 등이 해당하였다.

이러한 이론의 틀 속에서는 기본 법칙 자체가 성립하는 이유를 설명할 수 없다. 물리학이란 몇몇 기본 법칙을 이용해 그 밖의 다양한 현상이 성립하는 이유를 설명하는 학문이며, 그 기본 법칙 자체는 무조건 성립한다고 가정하기 때문이다.

기본 법칙인 줄 알았던 것이 훗날 더 기본적인 법칙으로 설명될 때도 있다. 뉴턴 역학을 상대성이론이나 양자역학으로 설명한 것이 대표적인 사례다. 하지만 이는 기존 기본 법칙이 새로운 기본 법칙으로 대체된 것뿐이므로, 결국 기본 법칙 자체가 왜 성립하느냐는 본질적인 의문이 해소되지는 않았다.

가령 뉴턴의 만유인력 법칙은 일반상대성이론에 따라 시공간의 휘어짐으로 설명할 수 있다. 시공간이 어떤 식으로 휘어지는지는 아인슈타인 방정식으로 알 수 있다. 아인슈타인 방정식은 기본 법칙이므로 왜 그것이 성립하는지는 일반상대성이론 안에서는 설명할 수 없다. 이와 마찬가지로 양자역학의 슈뢰딩거 방정식도 기본 법칙이다.

만약 어떤 형태로든지 양자 중력 이론이 완성되면 아인슈타인 방정식과 슈뢰딩거 방정식을 설명할 수 있는 더 기본적인 법칙이 발견될지도 모른다. 하지만 설사 그런 법칙이 발견된다 해도, 법칙 자체가 성립하는 이유를 그 이론 속에서 설명하지는 못할 것이다.

모든 것의 이론을 향한 꿈

'모든 것의 이론'은 이론물리학자의 최종 목표다. 자연계에는 네 가지 힘이 있으며, 이들은 언뜻 보기에 서로 다른 법칙을 따른다. 기본 입자의 표준 모형에서는 그중 전자기력과 약한 상호 작용에 관한 법칙이 한 가지 통일된 이론으로 정리되어 있다.

나머지 두 가지, 즉 강한 상호 작용과 중력에 관한 법칙은 통일되지 않은 채 각각 별개 이론으로 존재한다. 네 가지 힘 중 두 가지를 통일하는 데 성공했으니, 이를 확장해서 네 가지 힘을 전부 하나의 법칙으로 통일해야 한다는 생각을 할 수 있다.

만약 그런 이론이 있다면, 이는 이 세상 모든 기본 법칙을 내포하는 이론이다. 기본 법칙으로 세상 모든 것을 설명할 수 있다는 환원주의의 관점에 따르면, 이는 원리적으로 이 세상 모든 것을 설명할 수 있는 모든 것의 이론인 셈이다.

모든 것의 이론은 필연적으로 양자 중력 이론을 포함해야 하지만, 중력의 양자화 문제는 아직 해결되지 않았다. 모든 것의 이론의 후보로는 끈 이론, M이론 등이 있다. 원래 이 이론은 강한 상호 작용을 이해하기 위해 기본 입자 대신 끈을 도입한 것이었다. 그런데 어찌 된 일인지 중력으로 보이는 힘도 포함하고 있다는 사실이 밝혀졌고, 어쩌면 완전한 양자 중력 이론이 아니냐는 기대를 받고 있다. 이에 더해 아예 모든 것의 이론일지도 모른다는 의견도 있다. 어찌 보면 지나치게 기대만 앞서고 있으며 최종적인 이론이 어떤 형태가 될지는 아직 불투명하지만, 현재 활발하게 연구가 진행되고 있다.

모든 것의 이론에도 의문은 남는다

하지만 모든 것의 이론이라는 말에 과도한 기대를 해서는 안 된다. 이를 곧이곧대로 받아들이면 세상 모든 것을 설명하는 이론처럼 보이지만, 이는 모순을 품고 있는 말이다. 왜냐하면 정말 세상 모든 것을 설명할 수 있는 이론이라면, 자기 자신이 옳은 이유도 설명할 수 있어야 하기 때문이다.

자기 자신이 옳음을 스스로 증명할 수는 없다. 외부에 있는 객관적인 증거가 필요하기 때문이다. 인간에게 빗대면 알기 쉬울 것이다. 한 사람이 자기가 옳다고 주장한다 해도, 증거가 없다면 아무런 의미도 없다. 이처럼 어떤 이론이 옳다는 사실을 그 이론 내에서 증명할 수는 없다. 이는 괴델의 불완전성 정리라고 하는 수학적 사실이다.

모든 것의 이론이라 불릴 만한 것이 있더라도, 그 이론 안에는 스스로 설명할 수 없는 한 가지 기본 법칙이 있을 것이다. 정말 그런 이론이 있다면 모든 것의 이론이나 마찬가지일 것이다. 하지만 그 기본 법칙이 왜 성립하느냐는 의문은 남는다. 즉 모든 근본적인 의문이 풀리고 더는 탐구할 필요가 없는 완전한 이론은 존재할 수 없다.

정상과학과 패러다임 전환

오늘날 다양한 의문이 잇달아 해소되고 있는 모습을 보면 물리학에 관한 수수께끼가 곧 전부 해결되어 버려서 이후로는 응용만 하면 되지 않느냐는 생각이 들 수도 있겠지만, 그런 일은 영원히 일어나지 않는다. 물리학은 그런 진부한 결말을 맞이할 학문이 아니다. 물리학 연구 과정을 되돌아보면 눈앞에 있는 의문을 하나씩 해명하다 보니 예상하지 못한 방향으로 흘러갈 때가 있었다.

과학철학자 토머스 쿤의 주장에 따르면 과학 발전에는 두 가지 단계가 있다고 한다. 바로 정상과학 단계와 패러다임 전환 단계다. 패러다임 전환 단계란 양자역학이 만들어진 것처럼 기존 수단으로 해결하지 못했던 상황을 타파하여 새로운 연구의 틀을 만들어 내는 단계다. 한편으로 정상과학 단계란 양자역학이 확립된 후 이를 확장하고 다양한 현상에 적용하는 등의 연구가 진행되는 단계다.

정상과학 단계에서는 순조롭게 연구 성과가 축적되어 간다. 하지만 영원히 이 단계에 머무르지는 않는다. 이윽고 이론 고찰과 실험 검증이 벽에 부딪힐 때가 온다. 인간의 한계를 넘어서 발전할 수는 없다. 그래서 다시 근본적인 사고방식을 뒤집는 패러다임 전환이 일어나고 이어서 새로운 정상과학 단계가 시작된다.

요란한 과학 뉴스를 경계해라

———

과학 뉴스를 보다 보면 마치 패러다임 전환을 일으키기라고 한 듯한 연구 성과가 소개될 때가 있는데, 그런 것들은 모두 정상과학의 범주다. 언론은 대중의 시선을 끌기 위해 자극적인 어휘를 늘어놓고, 연구자는 연구 성과를 홍보하기 위해 과장된 표현을 쓴다.

하지만 진정한 패러다임 전환은 바로 알아보기 힘든 형태로 찾아올 때가 많다. 플랑크가 양자론으로 이어질 아이디어를 발견했을 때는 플랑크 자신도 그 진정한 의미를 알지 못했다. 과학 혁명이라도 일어난 마냥 요란하게 떠드는 뉴스를 접할 때는 조심해야 한다.

무엇이 패러다임 전환이었는지는 나중에 가서야 알 수 있다. 미리 알 수 없기에 패러다임 전환이라 불리는 것이다. 지금은 전혀 주목받지 못하는 평범한 분야에서 미래를 개척할 만한 연구가 탄생할 것이다. 노벨상을 받은 연구자 중에도 처음에는 무명인 채로 묵묵히 연구를 수행했다고 회고하는 사람이 많다.

평범한 연구야말로 기대할 만하다

———

현대는 과거 어떤 시대보다도 과학 발전 속도가 빠르다. 그 중요한 원인으로 과학자 수가 많아진 것을 꼽을 수 있다. 옛날에는 기초 연구를 하는 사람이 매우 적었다. 당장 유용한 성과를 내놓지 못하는 연구는 사회적인 지원을 받기 어려웠기 때문이다. 하지만 현대 사회에서는 과학이 사회 기반을 지탱하는 기술을 낳고 있다는 사실을 누구나 알고 있다. 그 결과 과학자가 하나의 직업으로 인정받게 되었다. 연구자 인구가 늘어나면 그만큼 과학의 발전 속도도 빨라진다. 물론 꼭 작업량에 비례해서 중요한 과학적 성과가 느는 것은 아니다. 우연과 행운에 크게 좌우되기도 한다. 하지만 다양한 생각을 지닌 여러 연구자가 수많은 분야에 종사하다 보니 어디선가 커다란 발견을 할 확률은 커지고 있다.

수많은 연구자가 다양한 생각에 따라 연구하는 일은 대단히 중요하다. 여러 연구자가 단 하나의 사고방식에 따라 연구해서는 가망이 없다. 물론 연구에는 유행이 있어서, 유망한 연구 결과가 발표된 분야에 사람이 몰리는 경향이 있다. 그 결과 연구가 진전되는 속도도 빨라지므로 좋은 일이기는 하지만, 그렇다고 모든 사람이 한 분야에만 집중되면 막상 그 분야가 벽에 부딪혔을 때 모두가 함께 무너지고 만다.

유행하는 분야에 있으면 세간의 주목을 끌기 때문에 연구비와 일자리를 구하기 쉽다. 그래서 연구자는 현재 인기 있는 분야를 선택하게 마련이다. 하지만 그런 분야에서는 재능이 넘치고 운 좋은 일부 연구자를 제외한 나머지 사람은 중요한 성과를 내기가 힘들다는 단점도 있다. 대다수 연구자는 그저 자잘하고 진부한 연구 성과만 내게 된다.

유행하는 분야를 수많은 사람이 연구하는 것도 나쁜 일은 아니지만, 이와 동시에 평범한 분야에도 연구자는 필요하다. 지금 주목받는 분야도 언젠가는 끝이 온다. 미래에 꽃필 분야는 현재 주목받지 않는 평범한 분야다. 그것이 무엇인지는 아무도 모른다. 자연계의 신비를 해명한다는 순수한 호기심이 과학을 지금까지 이끌어 온 것이다.

나가며

세계를 가능한 한 이해하고 싶다는 소망이 물리학 연구를 이끌어 왔다. 이 책을 통해 전하고 싶었던 가장 중요한 내용은 우리가 사는 세계가 인간의 상식적인 감각과는 전혀 다른 존재라는 점이다. 기존 사고 방식이 통하지 않는다는 사실 때문에 화가 날 때도 있고 슬플 때도 있다. 하지만 이는 다음 단계로 넘어가기 위한 원동력이다. 역경을 딛고 일어서면 그동안 보이지 않았던 지평이 열린다. 물리학의 우여곡절을 살펴보면 그러한 사례가 매우 많기에, 독자 여러분이 살아가는 과정에 도움이 될 만한 요소도 있을 것이다.

사람은 올바른 생각도 하고 틀린 생각도 하지만, 무엇이 옳은지 그른지는 참으로 미묘한 문제다. 가령 사회는 이러이러해야 한다는 신념은 시대에 따라 옳고 그름의 기준이 변하고 개인의 가치관에도 크게 좌우된다.

하지만 물리학 이론에서는 다행히도 시대와 사람에 좌우되지 않는 요소가 있다. 이 책에서도 여러 차례 언급했다시피, 자연을 관찰하고 그 결과를 수량적으로 설명할 수 없다면 그 이론은 잘못된 것이다.

대단히 아름답고 매력적인 이론이라 해도 자연을 수량적으로 설명할 수 없다면 소용없다. 아무리 추한 이론이라도 자연을 수량적으로 설명할 수 있고 다른 대체 이론이 없다면 그 이론이 옳은 것이다.

하지만 실제로는 추한 이론보다 아름다운 이론이 옳을 때가 많다. 그 이유는 물리학자도 잘 모르지만, 어찌 된 일인지 자연은 아름다운 이론으로 설명할 수 있게끔 되어 있는 모양이다. 언뜻 보기에 추한 이론이 옳은 것처럼 보여도, 사실은 그 이론의 배후에 있는 아름다운 구조를 눈치채지 못했을 뿐일 때도 있다.

아름다운 이론이란 다양한 형태를 취하는 온갖 복잡한 현상을 단순한 원리로 설명할 수 있는 이론을 말한다. 이는 표면적으로는 관계없어 보이는 잡다한 현상이 실은 서로 연관되어 있다는 뜻이다.

이 책의 원제 〈눈에 보이는 세계는 환상인가〉와도 관련 있는 부분이지만, 인간에게 보이는 세계 자체는 진정한 세계의 모습이 아니며, 뭔가 다른 세계 같은 것에서 나타난 무언가에 가깝다. 만약 그렇지 않았다면 우리 눈에 보이는 잡다한 세계 속에서 항상 성립하는 물리 법칙을 찾아내지 못했을 것이다.

하지만 그 다른 세계 같은 것이 무엇인지는 물리학자도 아직 모른다. 물리 법칙이라는 것으로 세계의 거동을 이해할 수 있는 그 근본적인 이유가 명확하지 않기 때문이다. 이처럼 물리학에 관해 고민하다 보면 결국 그러한 가장 근본적인 의문에 도달한다.

인간의 존재가 물리적 세계 속에서 어떠한 위치를 점하고 있는지도 커다란 수수께끼다. 보이는 그대로를 설명하자면 광대한 우주 속에서 기적적으로 지구라는 생명이 살기 쉬운 환경이 생겨났으며, 그곳에서 태어난 원시 생물이 이윽고 인간으로 진화했다는 것이다.

하지만 그것만으로는 인간이라는 지성이 의식을 지닌 채 생각하고 행동하는 이유를 이해했다고 볼 수 없다. 역시 그곳에는 아직 배후에 감춰진 다른 무언가가 존재하는 듯하다.

이처럼 물리학은 상당히 내용이 깊다. 여태까지 수많은 사실이 밝혀져 왔지만, 절대 완성된 분야가 아니며 알면 알수록 새롭고 광대한 미지의 영역이 나타나 압도되고 만다.

이 책의 내용이 독자 여러분의 마음을 울린 결과 수식과 함께 물리학을 더 공부해 보고 싶다는 생각이 든다면 필자로서는 더없이 기쁜 일일 것이다. 본격적으로 물리학을 공부하면 또다시 세계가 달라 보일 것이다. 여태까지 쓴 문장이 조금이라도 여러분께 도움이 되기를 빌면서 이 책을 세상에 내보내도록 하겠다.

마지막으로, 고분샤 신서에서 벌써 네 권이나 필자의 저서 출판을 담당해 주었으며 이번에도 다양한 면에서 도움을 준 편집부의 고마쓰 겐 씨에게 감사의 말씀을 올린다. 또한 나고야 대학 의학부 보건학과 1학년인 와타나베 유키요 씨는 첫 원고를 읽고 귀중한 의견을 주었다. 아쉽게도 필자는 4월부터 연구소로 자리를 옮기기에 앞으로는 학부생에게 물리를 가르칠 기회가 거의 없겠지만, 여태까지 나고야 대학에서 필자의 강의를 들어준 모든 학생에게 감사의 말씀을 드린다.

2017년 1월

마쓰바라 다카히코

참고문헌

- 《물리학은 역사를 어떻게 바꿔 왔는가物理学は歴史をどう変えてきたか》, 앤 루니 지음, 다치키 마사루 옮김, 도쿄쇼세키

- 《누가 원자를 봤는가だれが原子をみたか》, 에자와 히로시 지음, 이와나미 현대문고

- 《물리 법칙은 어떻게 발견되었나物理法則はいかにして発見されたか》, R. P. 파인만 지음, 에자와 히로시 옮김, 이와나미 현대문고

- 《이 세계를 알기 위한 인류와 과학의 400만 년 역사この世界を知るための人類と科学の400万年史》, 레너드 믈로디노프 지음, 미즈타니 준 옮김, 가와데쇼보신샤

- 《양자 혁명量子革命》, 만지트 쿠마르 지음, 아오키 가오루 옮김, 신초샤

- 《아인슈타인 vs. 양자역학アインシュタイン vs. 量子力学》, 모리타 구니히사 지음, 가가쿠도진

- 《양자 얽힘이란 무엇인가量子もつれとは何か》, 후루사와 아키라 지음, 블루백스

- 《양자역학의 해석 문제量子力学の解釈問題》, 콜린 브루스 지음, 와다 스미오 옮김, 블루백스

- 《블랙홀·팽창우주·중력파ブラックホール·膨張宇宙·重力波》, 신카이 히사아키 지음, 고분샤 신서

옮긴이 **이인호**

KAIST 전산학과를 졸업하고 소프트웨어 개발자로 일하고 있다. 한편으로 글밥아카데미 일본어 출판번역 과정을 수료하고 바른번역 소속 번역가로 활동 중이다. 옮긴 책으로《10년 후, 이과생 생존법》《문과 출신입니다만》《과학 인문학으로의 초대》《요시카와 에이지의 삼국지》(공역) 등이 있다.

물리학은
처음인데요

초판 1쇄 발행   2018년 1월 30일
초판 7쇄 발행   2024년 12월 17일

지은이   마쓰바라 다카히코
옮긴이   이인호

펴낸곳   (주)행성비
펴낸이   임태주

편집장   이윤희
마케팅   배새나

출판등록번호   제2010-000208호
주소   경기도 김포시 김포한강10로 133번길 107, 710호
대표전화   031-8071-5913
팩스   0505-115-5917
이메일   hangseongb@naver.com
홈페이지   www.planetb.co.kr

ISBN 979-11-87525-64-6   03400

행성B는 독자 여러분의 참신한 기획 아이디어와 독창적인 원고를 기다리고 있습니다.
hangseongb@naver.com으로 보내 주시면 소중하게 검토하겠습니다.